FARMING

农业种植系列读物

车艳芳 编著

中草药栽培与加工技术

河北科学技术出版社

图书在版编目（CIP）数据

中草药栽培与加工技术 / 车艳芳编著. -- 石家庄：
河北科学技术出版社，2013. 12（2025.2重印）
ISBN 978-7-5375-6529-5

Ⅰ. ①中… Ⅱ. ①车… Ⅲ. ①药用植物-栽培技术②
中草药加工 Ⅳ. ①S567②R282.4

中国版本图书馆 CIP 数据核字(2013)第 269751号

中草药栽培与加工技术

车艳芳　编著

出版发行　河北科学技术出版社
地　　址　石家庄市友谊北大街 330 号（邮编：050061）
印　　刷　三河市南阳印刷有限公司
开　　本　910×1280　1/32
印　　张　7
字　　数　140 千
版　　次　2014 年 2 月第 1 版
　　　　　2025 年 2 月第 2 次印刷
定　　价　49. 80 元

Preface 序

推进社会主义新农村建设，是统筹城乡发展、构建和谐社会的重要部署，是加强农业生产、繁荣农村经济、富裕农民的重大举措。

那么，如何推进社会主义新农村建设？科技兴农是关键。现阶段，随着市场经济的发展和党的各项惠农政策的实施，广大农民的科技意识进一步增强，农民学科技、用科技的积极性空前高涨，科技致富已经成为我国农村发展的一种必然趋势。

当前科技发展日新月异，各项技术发展均取得了一定成绩，但因为技术复杂，又缺少管理人才和资金的投入等因素，致使许多农民朋友未能很好地掌握利用各种资源和技术，针对这种现状，多名专家精心编写了这套系列图书，为农民朋友们提供科学、先进、全面、实用、简易的致富新技术，让他们一看就懂，一学就会。

本系列图书内容丰富、技术先进，着重介绍了种植、养殖、职业技能中的主要管理环节、关键性技术和经验方法。本系列图书贴近农业生产、贴近农村生活、贴近农民需要，全面、系统、分类阐述农业先进实用技术，是广大农民朋友脱贫致富的好帮手！

中国农业大学教授、农业规划科学研究所所长
设施农业研究中心主任 张天柱

2013年11月

Foreword 前言

农业是国民经济的基础，是国家稳定的基石。党中央和国务院一贯重视农业的发展，把农业放在经济工作的首位。而发展农业生产，繁荣农村经济，必须依靠科技进步。为此，我们编写了这套系列图书，帮助农民发家致富，为科技兴农再做贡献。

本系列图书涵盖了种植业、养殖业、加工和服务业，门类齐全，技术方法先进，专业知识权威，既有种植、养殖新技术，又有致富新门路、职业技能训练等方方面面，科学性与实用性相结合，可操作性强，图文并茂，让农民朋友们轻轻松松地奔向致富路；同时培养造就有文化、懂技术、会经营的新型农民，增加农民收入，提升农民综合素质，推进社会主义新农村建设。

本系列图书的出版得到了中国农业产业经济发展协会高级顾问祁荣祥将军，中国农业大学教授、农业规划科学研究所所长、设施农业研究中心主任张天柱，中国农业大学动物科技学院教授、国家资深畜牧专家曹兵海，农业部课题专家组首席专家、内蒙古农业大学科技产业处处长张海明，山东农业大学林学院院长牟志美，中国农业大学副教授、团中央青农部农业专家张浩等有关领导、专家的热忱帮助，在此谨表谢意！

在本系列图书编写过程中，我们参考和引用了一些专家的文献资料，由于种种原因，未能与原作者取得联系，在此谨致深深的歉意。敬请原作者见到本书后及时与我们联系（联系邮箱：tengfeiwenhua@ sina. com），以便我们按国家有关规定支付稿酬并赠送样书。

由于我们水平所限，书中难免有不妥或错误之处，敬请读者朋友们指正！

编　者

CONTENTS
目 录

上篇 中药材栽培技术

中篇 中药材产地加工方法

下篇 中药材炮制技术

上篇

中药材栽培技术

第一章 我国中草药的地理分布

我国地大物博，自然资源条件优越，药用植物种类多样，分布范围广泛，受各地不同的气候条件的影响，我国的药用植物分布呈现出明显的地区分布特色，在对不同自然区的区域类型和中药资源进行普查的基础上，《中国中药区划》一书将中国药用植物分区划分为9个，分别包括西北中温带和暖温带野生中药区，华北暖温带家生和野生中药区，东北寒温带、中温带家生和野生中药区，内蒙古中温带野生中药区，东北亚热带、中亚热带家生和野生中药区，华南南亚亚热带、西南亚热带、中亚热带家生和野生中药区，热带家生和野生中药区，海洋中药区以及青藏高原野生中药区。其中前4个分区是我国北方药用植物的分区。

第一节　西北中温带和暖温带野生中药区

本区地跨中温带和暖温带，干湿程度上从半干旱区过渡到干旱区。在行政区划上包括青海北部，甘肃西部和北部，新疆、宁夏北部，内蒙古西部等5省100多个县市，占全国土地总面积的三分之一左右，由于本区位居内陆，受海洋的湿润气流影响较小，因而形成了特有的干旱气候特征，区内具有全国最丰富的日照资源，全天的日照时间长，昼夜温差大，年降水较少，蒸发较多，蒸发的速度远远高于降水的程度，这也就造成了本区独特的土壤类型，其中包括绿洲土、灰棕漠土、灰漠土等荒漠土壤，棕钙土、灰钙土等半荒漠土壤，风沙土、草甸土、沼泽土和盐土等非地带性土壤。

由于本区气候条件的差异性，本区的中药资源在分布上也具有一定的区域差异，区内药用植物有2000种左右，其中362种药材的占有量占全国总量的30%以上，其中大宗野生药材的产量占总产量的90%，麻黄、肉苁蓉、锁阳、伊贝母、甘草、新疆紫草等大宗资源的蕴藏量约15亿千克，常见的高原特有药材还有新疆羌活、新疆独活、雪莲花、新疆藁本、新疆党参、新疆赤芍、阿魏、刺糖、新疆黄精、罗布麻、一枝蒿等数十种。

除此之外，以伊犁贝母、肉苁蓉、新疆紫草、新疆阿魏、阜康阿魏等为代表的名贵中草药已被列为国家重点保护的野生资源种类。

本区还有一个特点就是当地的民族药十分出名，其中保存较好的是维吾尔医药，维吾尔药中大多以植物药为主，疗效独特，具有浓郁的地方民族特色，其中的代表有阿里红、菊苣、孜然、异叶青兰、骆驼蓬、驱虫斑鸠菊、育魏实、洋甘菊、藏茴香、雪莲花、一枝蒿、阿薰衣草、榅桲、苦豆子、刺糖、索索葡萄、阿月浑子等。另外番泻叶、西红花、荜茇等进口药材也是维药的常用品种。

由于本区的名山较多，如祁连山、天山、昆仑山等，而这些山脉又大多都是药用植物的分布地区，以天山为例，天山由于垂直高度较高，气候湿润，所以从山地到山顶形成了各种不同的气候和植被类型，中草药的垂直分布比较明显。海拔1800～1900米的洪积、冲积倾斜平原地区，干湿季节明显，气候较湿润，常见的药用植物主要有金丝桃叶绣线菊、蓼属植物及多种糙苏等；海拔1900～2100米的山地寒温带草甸气候温寒湿润，药用植物种类比较多，主要有聚花风铃草、疗齿草、猪殃殃、西伯利亚侧金盏花、细裂委陵菜、银白委陵菜、岩风、假狼毒、腺唐松草、原老鹳草、茅香等；海拔2100～2900米的山地寒温带针叶林主要的药用植物有一枝黄花、欧缬草、林地乌头、小斑叶兰、火绒草和短喙蒲公英等。除此之外，蓝花老鹳草、斜升龙胆、新疆龙胆、白边獐牙菜等也生长于此。

海拔2900～3100米的高山寒带草甸气候湿润、寒冷，主要有俯垂龙胆、箭头唐松草、珠芽蓼、短茎古大当归、准噶尔蓼、黄花野木樨、棘豆、火绒草等药用植物分布。

海拔3100～3400米的高山区是典型的高山寒带草甸，气候寒冷而湿润，这个地带主要生长的药用植物有高山唐松草、高山龙胆、火绒草、高山黄芪、高山风毛菊和细叶风毛菊等。

海拔3400～3700米的高山寒冷垫状植被带，气候寒冷，主要有二花委陵菜、喜山葶苈、珠芽蓼、倾卧兔耳草、圆叶乌头、天山棱子芹等耐寒作物分布。

高山冰雪带分布于雪线以上的高山区，常年冰雪覆盖，气候严寒，不利于作物生长。

而天山南坡，由于受干旱的气候条件的影响，植被种类较少，海拔1900米以下的山前地带主要是温带荒漠带，气候干燥而较炎热，分布的主要药用植物有琵琶柴、泡果白刺、合头草、车前子、无叶假木贼、霸王、牛蒡和苍耳、膜果麻黄等。

海拔1900～2200米主要分布的是山地温带荒漠草原，出产的主要药用植物有膜果麻黄、中麻黄、细子麻黄、合头草、黑萼棘豆、准噶尔铁线莲、黄花瓦松、驼绒草、琵琶柴、红景天及火绒草、冷蒿、盐爪爪、二裂委陵菜等。

海拔2200～2600米的山地寒温带干草原气候温湿，主要的常见药用植物有冷蒿、三叶委陵菜、邪蒿、火绒草、俯垂龙胆、二裂委陵菜、阿尔泰白头翁、阿勒泰柴胡和准噶尔马先蒿草原糙苏等。

海拔2600～2900米的亚高山寒温带草原气候湿润，夏天暖和，冬天寒冷，主要的植物分布和北坡的亚高山草甸差不多。

海拔2900～3600米的高山寒带草甸的植物类型与北坡的高山寒冷草甸带类似。

根据各区带的植物分布情况，我们可以大致分为干草原、荒漠草原、荒漠等3种自然地带。

一、干草原

干草原又称典型草原，是在半干旱的气候下形成的以多年生草本植物为主的草原。在西北区，干草原主要分布于阿尔泰山、祁连山、天山等山地林带以下，鄂尔多斯高原西部，宁夏南部，甘肃和陕西的部分地区。这些地区的气候特征以寒冷、干旱为主，常年热量充足，降水集中于夏季且不足，多为250～400毫米，冬季少雪，导致春旱一般都很严重。由于以上的气候特点，形成了与此相适应的植物分布，耐旱、耐寒、喜光的野生植物适应了本区的气候特点，再加上以暗栗钙土和淡栗褐土为主的腐殖质较厚的良好土壤，使得根系发达的野生植物生长繁盛。常见的大宗药材有玉竹、黄精、苍耳、瓦松、贯众、紫草、牛蒡子、蒲公英、老鹳草、旋覆花、细叶白头翁、麻黄、柴胡、远志等。

二、荒漠草原

荒漠草原又可以称为半荒漠草原，西北区的荒漠草原主要分布在甘肃东部、宁夏中部、鄂尔多斯高原西部、黄土高原北部和西部以及新疆的低山坡麓等地区。这些地区的气候特点以干旱为主，生长着较为稀疏的真旱生多年生草本植物和少量的旱生小灌木植被。西北荒漠草原属于典型的大陆性气候区，热量充足，年降水量为150～250毫米，由于植被稀少，导致所形成的灰钙土和棕钙土的土壤肥力较小，腐殖质不厚，植被简单，且生长期较短。本区的重要药物资源有牛蒡子、阿魏、锁阳、肉苁蓉、伊贝母、甘草、新疆紫草、秦艽、柴胡和款冬花等。此外还有一些自采自用的植物，如罗布麻、白鲜皮、雪莲花、车前子、菟丝子、新疆羌活、新疆独活及蒲公英等。其中蕴藏量和产量都在全国占有很高比重的有锁阳、伊贝母、阿魏等。

本区药用植物分布最多的要数新疆了，新疆的药用植物不仅种类多，而且产量大，主要有红花、板蓝根、白芍、白芷、枸杞子、山药、菊花、黄芪、地黄、牛膝、金银花、紫苏、荆芥、伊贝母等。除此之外，新疆还有许多野生的药用植物，比如白龙昌菜、茵陈、蔺子、香青兰、棘豆、乳浆大戟、沙地柏、碱韭（多根葱）、沙茴香、戈壁天门冬、小叶锦鸡儿、兔唇花、大苞鸢尾、猪毛蒿、盐爪爪、苦豆根、叉枝鸦葱、冷蒿、木地肤、沙蓬、荒漠丝石竹、胡杨、盐生假木贼、大叶补血草芯芭、百里香、蒺藜等。

三、荒漠

荒漠地区一般都是典型的大陆性气候，气候极端干燥，降水少，年降水量小于200毫米，蒸发旺盛，蒸发量远大于降水量，夏季酷热，冬季寒冷，昼夜温差大，多大风沙，年平均温度3～12℃，最低达-30℃以下，最高达40℃。地面植被稀疏。西北荒漠主要分布于天山、祁连山、昆仑山、阿尔泰山和阿尔金山等山地草原带的下部，如天山北部的基带。西北荒漠的总面积约占全国总土地面积的20%，其中沙漠和戈壁面积约有100万平方千米。荒漠土壤以淡棕钙土类为主，其中北部为灰棕漠土，南部为棕漠土，这类土壤含碱量较高，一般较为贫瘠。

由于气候条件的极端严酷，所以本区的植被相对较少。主要以超旱生的植物为主。植物群落的构成主要以菊科和藜科植物为主，其次是豆科、蒺藜科及禾本科，其他比重较大的植物还有蓼科、麻黄科、石竹科、柽柳科、旋花科等。其中常见的藜科药用植物主要有短叶假木贼、驼绒藜、盐爪爪、琐琐、木本猪毛菜、珍珠猪毛菜、木霸王和白刺、盐角草、碱蓬、沙米等。麻黄科药用植物有麻黄、膜果等。

蓼科药用植物有沙拐枣等。豆科药用植物有柠条、刺棘豆、蒙古岩黄芪、甘草、沙冬青、胀果甘草、狭叶锦鸡儿、多花岩黄芪等。柽柳科药用植物有琵琶柴和柽柳等。在行政区划上，荒漠区包括甘肃和宁夏西北部、青海西部、内蒙古西部和昆仑山内部与新疆除阿尔泰山区山地以外的全部区域，这些地区非常著名的药材主要包括甘草、宁夏枸杞、肉苁蓉、新疆紫草、银柴胡、麻黄以及新疆党参、吐鲁番桑葚、阿图什无花果、锁阳、沙枣、乌恰贝母、索索葡萄、胡桐泪、乌什沙棘、鹰嘴豆等。此外，还有秦艽、芦苇、罗布麻、苦豆子、蒲黄、马勃、列当、王不留行、阿魏、雪莲花、益母草、茵陈、香青兰、杠柳、蒲公英、龙胆、萹蓄、骆驼蓬、牛蒡子、菟丝子、马蔺子、车前子、蒺藜、沙芥、瑞香狼毒、旋覆花等也在一定程度上可供入药使用。近年来在继续发展民族药如巴旦杏、阿魏、无花果等的栽培的同时，这些地区药材的栽培也在继续发展。其中位居首位的是枸杞栽培，甘草、伊贝母、银柴胡、红花等的栽培也很普遍。另外，从外区引种的药类也已经达到20多种，主要有板蓝根、金银花、瓜蒌、牡丹、山药、白芷、槐花、菊花、地黄等。

第二节　华北暖温带家生和野生中药区

本区地处中纬地带，属暖温带大陆性季风气候。东濒渤海、黄海，西邻青藏高原，南界以伏牛山、秦岭北麓、淮河与华中地区接壤，北面与内蒙古自治区和东北地区相接。行政区域上包括北京、天津、河北中部和南部、山西中部和南部、山东、陕西中部和北部、安徽北部及江苏北部等涉及13个省级行政区，共674个县（市、区）。

本区的气候条件较为温润适宜，适合作物的生长发育，春季一般干旱，多风沙天气，夏季炎热多雨，秋季干爽晴朗，冬季较长而寒冷。本区四季分明，年降水量一般，但多集中于夏季。降水从沿海向内陆递减，年均气温从南向北递减。受地势由西向东递减和气候条件的影响，本区的植被主要分为山地、丘陵和平原3种类型，地表的土壤类型也大致分为3种，黄土高原上分布着典型的黑垆土，暖温带落叶阔叶林区大多分布着棕色和褐色的森林土，除石质山地外的其他地区主要分布着黄土。

由于受本区特定的气候条件的影响，本区药用植物的产量较大，种类多而齐全，在国内药材生产中占有极其重要的地位，是中国暖温带中药材的集中产区。

盛产的著名药材有河北的祁白芷、苦杏仁、槐米、板蓝根、紫菀、知母、黄芩、升麻、马兜铃、祁州漏芦、薏苡、甜杏仁、红花、远志、五加皮、北沙参、柴胡、酸枣仁；河南的山药、菊花、地黄、牛膝四大怀药；甘肃的黄芪、当归、甘草、大黄、党参五朵金花；宁夏的麻黄、枸杞、葫芦巴、苦参等。

本区由于占地面积大，东西、南北跨度大，所以产生了不同的气候和地貌、植被条件，既有东部的湿润森林景观，又有西部的森林草原、典型草原景观。根据各区的自然生态特点和中药资源种类的分布，又可以把其细分为辽东、山东低山丘陵，华北平原和冀北山地，以及黄土高原等三个分区。

一、华北平原和冀北山地

华北平原包括辽河下游平原、海河平原（河北平原）、黄河下游平原和淮北平原。后三者即黄淮海平原，面积约30万平方千米，是全国最辽阔的冲积平原。本区土壤肥沃，阳光充足，夏季炎热多雨，秋季晴朗干燥，有利于药用植物的生长，但旱、涝、盐碱等现象较突出。其中海河平原药用植物有670余种，在山麓平原上分布有白头翁、苦参、茵陈、紫花地丁、翻白草、酸枣、郁李、半夏、柴胡、远志等300多种野生药材。栽培的药材有菊花、山药、板蓝根、大黄、北沙参、黄芪、丹参、牛膝、白芷、瓜蒌、枸杞子、薏苡、玄参和紫苏等；低平原与山麓平原接壤处分布的种类与山麓平原基本相同，而与滨海平原接壤处，则分布有耐低洼盐碱的药用植物类型，常见种类有小蓟、蒺藜、白茅、香附、益母草、菟丝子、蛇床子、篇蓄、蒲公英、旋覆花、苍耳、桂柳、旱莲草及马齿苋等；滨海平原属盐碱涝洼地区，分布有北沙参、草麻黄、问荆、刺藜、合掌消、直立白薇、芦苇、香蒲及白茅等。

冀北山地包括辽西低山丘陵、冀北山地和晋北山间盆地，是一个从华北平原向蒙古高原过渡的由山地和山间盆地组合而成的区域。药用植物的分布以位于蒙古高原南麓坝上区域为例，分布有耐寒、耐旱的种类，如木贼麻黄、草麻黄、单子麻黄、黄芪、防风及黄芩等。此外，主要种类还有问荆、猪毛菜、甘草、地榆、荆条、柴胡、苦参、玉竹、知母、藁本、金莲花、剪秋罗、秦艽、升麻、北重楼和北苍术等。

二、辽东、山东低山丘陵

辽东半岛是中国东北东部山地的南延部分。山东低山丘陵则包括胶莱平原、胶东丘陵及鲁中南山地。这些地区都属于较湿润的地区，年降水量高达650~1000毫米，夏季气温较低，冬季气温相对同纬度较高，这种气候条件，十分有利于作物的生长。

由于受到相邻的海洋湿润气流的影响，本区的植被以华北区系和长白区系为主。常见的针叶林主要是赤松，常见的阔叶林主要是栓皮栎、麻栎。本区还有部分木本药用植物，如迎红杜鹃、杜松、黄柏、照白杜鹃、细叶小檗等；林下分布的药用植物有二苞黄精、半夏、东北天南星、毛穗藜芦、海州骨碎补等；藤本药用植物有穿龙薯蓣、瓜蒌、狗枣猕猴桃、葜菝、软枣猕猴桃等；山坡灌丛中及石砾地有紫草、崖椒、忍冬、角盘兰、丹参、瞿麦等分布。另外，在滩涂和近海盐碱地上分布的药用植物有中华补血草、罗布麻、单叶蔓荆、盐角草、杠柳、柽柳、刺果甘草、北沙参、旋覆花等。

其中特别需要注意的是千山，它是辽东半岛长白山的余脉，分布有包括药用植物在内的800多种维管束植物，其中比较具有代表性的药用植物有刺五加、黄柏、文冠果、无梗五加等；草本药用植物有败酱、缬草、东北天南星、獐牙菜、粗茎鳞毛蕨、黄花乌头、南柴胡、龙胆、铃兰、穿龙薯蓣、紫草及铁线莲等；藤本药用植物有猕猴桃、北五味子等。山东半岛的昆嵛山和辽东半岛的千山关系密切，表现在药用植物的分布上，就是其共有的多种药用种类，如多被银莲花、胡桃楸、天冬、葛枣猕猴桃、崂山百合、软枣猕猴桃、狗枣猕猴桃、穿龙薯蓣、多被银莲花（两头尖）、北五味子、细辛、毛穗藜芦、二苞黄精、黄柏及东北天南星等。

三、黄土高原

本区位于太行山以西、青海湖以东、长城以南、秦岭以北，处于中国东南季风湿润区向西北干旱区过渡地带，属温带大陆性气候。面积约40万平方千米，包括山西中部和南部、陕西中部和北部、宁夏南部、甘肃东部和青海东北部，共5省（区）209个县（市），是世界最大的黄土堆积区。高原部分年降水量为400～600毫米，平原部分年降水量为600～700毫米，且多集中在夏秋季节；黄土厚50～180米，生态环境极度脆弱，水土流失相当严重。

由于区域内自然植被大多数被破坏，药用资源种类相对较少，主要以沙旱生植物为主。区内野生药用植物占有相当比例，甘草、黄芪、淫羊藿、地榆、旋覆花、麻黄、秦艽、苍术、山豆根、北柴胡、辽藁本等蕴藏量较大。另外还有沙棘、大黄、九节菖蒲、连翘、龙骨、小唐松草、糙苏、兴安升麻、玉竹、黄精、黄芩、大火草、北苍术、酸枣、款冬、白头翁、异叶败酱及南牡蒿等，其中连翘、沙棘和龙骨等为本区特产。虽然本区药用植物种类较少，但药材地道性较强，栽培面积较大，在国内中药市场中占有重要位置。仅以甘肃省为例，家种药材面积达17.3万公顷，居全国第一，其中当归、党参、黄芪、甘草和大黄的产量就分别占到全国产量的95%、65%、60%、40%和60%。

六盘山北起宁夏海原县的西华山，一直向南延伸到甘肃和陕西境内，呈南北走向，跨越宁夏、甘肃、陕西三省区，绵延近500千米。区内光热资源较少，年日照时数2200～2400小时，年平均气温5～6℃，年降水量较丰富，是黄土高原中的“湿岛”。野生药用植物有423种；隶属于94科，其中最多的是菊科，有41种，其次是毛茛科和蔷薇科，各有32种；豆科有21种，唇形科和百合科各有20种，十字花科和伞形科各有11种，小檗科和玄参科各有10种。重要的代表性药用植物有枸杞、麻黄、银柴胡、锁阳、秦艽、党参、大黄、白芍、赤芍、升麻、羌活、淫羊藿、杏仁、桃仁、李仁、地榆、白藓皮、黄芩、茜草、南沙参、茵陈、款冬、知母、百合、黄精、玉竹等40余种，此外还有黄芪、贝母、桃儿七等稀有濒危种类。其中在低山区分布的种类主要有淫羊藿、款冬、车前子、蒲公英、茵陈、黄芪、党参、黄精、穿地龙、柴胡等；山腰地带分布的种类主要有秦艽、半夏、铁棒锤、羌活、祖师麻、玉竹等；高山地区主要分布着适于高寒阴湿地区生长的黄花瑞香、泡沙参、白芍、党参、柴胡等。

第三节　东北寒温带、中温带家生和野生中药区

本区位于中国东北部，是国内纬度最高、气候最冷的一个自然区域。地理位置显著地向海洋突出，属寒温带、温带湿润半湿润地区。行政区域上包括黑龙江、吉林、辽宁三省东部及内蒙古东端，涉及4省（区），共86个县（市、旗）。地貌上则包括大、小兴安岭和长白山地区，以及三江平原。本区冬季寒冷漫长，夏季多风干燥，秋季晴朗温暖，热量资源不够丰富；年降水量较丰富，平均为400～700毫米，主要集中在夏季，长白山区东南侧可达1000毫米；土壤类型主要为寒温带的漂灰土、温带的暗棕壤、黑土和黑钙土。

东北区的药用植物种类有1700种左右，约占全国总数的15%，以省而论，黑龙江省有药用植物约1200种，吉林省1412种，辽宁省1300多种。主要特点是种类丰富，地道和珍贵稀有品种种类多，蕴藏量和产量大。代表性草本药用植物主要有关升麻、牛蒡子、桔梗、地榆、朝鲜淫羊藿、赤芍、草乌、平贝母、关龙胆和人参等，其中人参产量占全国总产量95%以上。

根据东北区气候条件的差异，同时参考地形条件和药用植物分

布的特点，可将该区分为东部山地、中部平原和大兴安岭北部山地三部分。

一、东部山地

本区北起黑龙江省瑷珲附近，南抵沈丹铁路稍北一线，东抵国界线，西邻松辽平原，略呈新月形。区域内大部分为山岭和丘陵；气候比大兴安岭北部山地稍温和，但冬季气温仍很低，寒冷期也相当长；年降水量较高，长白山地东南侧可达1000毫米，丘陵谷地和低地一般在500~750毫米，是东北地区最湿润的地区。

本区植物种类繁多，其中维管束植物2000种以上，一半为东亚特有种。特产的木本药用植物有红松、紫杉、水曲柳、马鞍树（怀槐）、核桃楸、关黄柏、暴马丁香、毛榛、刺五加和刺楸等；藤本药用植物有北五味子、山葡萄、软枣猕猴桃、狗枣猕猴桃、葛枣猕猴桃、红藤子（东北雷公藤）、木通、马兜铃及刺苞南蛇藤等；草本药用植物有人参、长白瑞香、铃兰、二歧银莲花、北细辛、平贝母等。

小兴安岭山区地势起伏较大，谷地宽阔，森林茂密，分布的药用植物主要有人参、党参、关黄柏、五味子、膜荚黄芪、平贝母、山楂、刺五加、无梗五加、木通、马兜铃、辽细辛、侧金盏花、红藤子、桔梗、天麻、猪苓、龙胆、贯众、木贼、关苍术、升麻、缬草、草乌、白附子、赤芍、槲寄生、败酱、紫菀、远志、东北天南星、芡实、穿龙薯蓣、细叶地榆、铃兰、藜芦、山丹、百合、卫矛、白鲜、落新妇、白花延龄草、威灵仙、大叶小檗、齿瓣延胡索、东北延胡索、越橘、笃斯越橘、玉竹、手掌参、轮叶百合、白薇、山杏、东北扁核木和野刺玫等。

长白山是东亚大陆上唯一有高山冻原的名山，所属范围大致北起中国安图县的松江镇，南和东南延伸至朝鲜境内，西始于抚松县，东止于和龙县的南岗岭，仅山体部分面积就达8000平方千米。内有维管束植物1500种，其中药用植物900多种，名贵的有人参、党参、黄芪、贝母、天麻、木通、马兜铃、细辛、刺五加和草苁蓉等。其中针叶阔叶混交林带乔木药用植物有臭冷杉、红皮云杉、东北红豆杉、水曲柳、黄柏和核桃楸等；灌木药用植物有接骨木、长白瑞香和刺五加等；草本药用植物有木贼、过山蕨、粗茎鳞毛蕨、有柄石韦、槲寄生、北细辛、太子参、银线草、芍药、黄花乌头、草乌头、窄叶蔓乌头、侧金盏花、草玉梅、多被银莲花、升麻、单穗升麻、白头翁、朝鲜白头翁、箭头唐松草、东北延胡索、大叶小檗、蝙蝠葛、白屈菜、膜荚黄芪、远志、紫花前胡、东北龙胆、紫草、益母草、黄花龙牙、铃兰、北重楼、玉竹、毛穗藜芦及天麻等；藤本药用植物有山葡萄、软枣猕猴桃、北五味子、木通、马兜铃和穿龙薯蓣等。针叶林带乔木药用植物有长白鱼鳞云杉、红皮云杉、红松、臭冷杉、色木槭、花楸树和紫椴等；灌木药用植物有长白瑞香、越橘、西伯利亚刺柏、宽叶杜香和细叶杜香等；草本药用植物有蛇足石杉、粗茎鳞毛蕨、木贼、草乌头、单穗升麻、卵叶山芍药、金莲花、朝鲜淫羊藿、东北雷公藤、北柴胡、圆叶鹿蹄草、山酢浆草、夏枯草、伞形梅笠草、七筋姑、梅花草、东北天南星、白花延龄草及长叶藜芦等。岳桦林带乔木药用植物有岳桦等；灌木药用植物有牛皮杜鹃、越橘、笃斯越橘、西伯利亚刺柏及东北刺参等；草本药用植物有长白金莲花、夏枯草、石松、草乌头、单头橐吾和草苁蓉等。高山冻原带植物低矮，无高大乔木，灌木及草本植物均多分枝，匍匐生长成垫状，种类比较贫乏，分布较多的药用植物有笃斯越橘、牛皮杜鹃、金露梅、长白棘豆、高山红景天、高山罂粟、长白景天、高山岩黄芪、倒根蓼、大苞柴胡、单头橐吾、长白虎耳草、高山龙胆及白山龙胆等。

本区栽培的植物药材有人参、细辛、党参、平贝母、黄芪、龙胆、丹参、天麻、薏苡、白芍、黄芩、北马兜铃、北沙参、红花及金银花等。

二、中部平原

本区东、北、西三面环山，南面与辽河下游平原连成一体，地理上合称松辽平原。这一区域处于背风环境，地势低平，海拔一般在120～250米，年降水量400～700毫米，属半湿润地区；春季气温上升较快，降水较少而多大风，冬季寒冷干燥，夏季多雨，温度较高，形成以草原为主的森林草原景观。本区植物属蒙古植物区系，有药用植物300多种。主要地道中药材有防风、柴胡、甘草、桔梗、麻黄、龙胆、知母、远志、杏仁、苦参等。常见的种类有黄芩、白头翁、朝鲜白头翁、狼毒、南沙参、徐长卿、砂地百里香、罗布麻、蒺藜、白茅、列当、桑、蒙桑、威灵仙（棉团铁线莲）、马蔺、细叶百合、地榆、委陵菜、仙鹤草、透骨草（野豌豆）、米口袋、漏芦、穿山龙、茵陈、蒲公英、马勃等。旱生药用植物有麻黄、甘草、远志、米口袋、翠雀、蒺藜、地构叶、角蒿、秦艽、芯芭、莨菪、棘豆、五脉百里香、扁茎黄芪等。

三、大兴安岭北部山地

本区域包括东经127°20′（黑龙江黑河附近）以西、北纬49°20′（内蒙古牙克石附近）以北的大兴安岭北部及其支脉伊勒呼里山地，是中国最北的一个植被区域。区域内地势西北高东南低，但山势不高，一般在海拔700～1100米；年均气温在0℃以下，绝对低温约-48℃，全年无夏；大陆性气候特征显著，年降水量360～500毫米。

由于气候条件的限制，区域内植物种类较少，维管束植物仅800余种。主要药用植物有赤芍、满山红（兴安杜鹃）、龙胆（包括龙胆、条叶龙胆和三花龙胆）、防风、远志、升麻（兴安升麻、大三叶升麻）及金莲花等。本区药用植物资源的特点是种数虽少，但蕴藏量多，开发潜力大，如细叶杜香、越橘、兴安百里香、黄芩、山杏、金莲花、紫菀、山丹、百合、平贝母等往往形成大片群落，资源相当丰富。香柴胡、兴安柴胡、龙胆、三花龙胆、秦艽、桔梗等在本区分布广而数量大。在裸露的多石砾质山南坡上，兴安百里香、黄芩、南沙参、裂叶荆芥、岩败酱、瓦松等占优势。寄生于水冬瓜树根上的草苁蓉是有名的壮肾强精药。大叶小檗、刺叶小檗、兴安杜鹃、黄芪、红景天、升麻、草乌、蹄叶橐吾、蓍草、关苍术、艾菊、百合、地榆、苦参、黑水缬草、山杏、野刺玫、赤芍、玉竹、徐长卿、铃兰、穿龙薯蓣、手掌参、兴安藜芦、小斑叶兰和翠雀等都是本区的优势植物；藤本药用植物有北五味子和大萼铁线莲等，它们具有温带性质。栽培药材种类主要有人参、西洋参、党参、平贝母、板蓝根、荆芥、黄芪、牛蒡子、红花等。

第四节　内蒙古中温带野生中药区

本区东部为大兴安岭山脉和松嫩西辽河平原，中部有阴山山脉及坝上高原，南部是太行山脉，北部为蒙古高原。行政区域上包括黑龙江中部和南部、吉林西部、辽宁西北部、河北北部、山西北部、内蒙古中部和东部，涉及6省（区）154个县（旗）。本区大部分地区冬季干燥寒冷，夏季凉爽；年均气温7.6℃，7月份最高，平均气温为23.9℃，1月份最低，平均气温-10℃；年平均降水量142.7毫米，多集中在6～9月份，约占全年降水量的60%；东部平原为黑土、草甸土、风沙土，蒙古高原为黑钙土。

本区北部、西部地区植被构成以蒙古植物区系为主，东部和南部有华北和长白区系成分，北部草原区草本植物占有相当优势。全区野生药用植物有1000余种，主要的有甘草、黄芪、枸杞、黄芩、党参、麻黄、防风、罗布麻、苁蓉、甘草、麻黄、穿地龙、人参、大黄、山沉香、山刺玫果、山银柴胡、千里光、小白蒿、小茴香、小秦艽花、小叶锦鸡儿、马勃、木贼、车前子、火绒草、白附子、白茅根、白益母草、冬青叶、赤芍、亚麻子、花苜蓿、连翘、苦参、苦豆根、金莲花、桔梗、远志、知母、郁李仁等。其中，黄芪、赤芍、防风为本区大宗地道药材，野生蕴藏量分别占全国的 70%、30% 和 72%。此外，大宗野生药材优势品种还有黄芩、麻黄、甘草、桔梗、百合、牛蒡子、远志、酸枣仁、苦杏仁、郁李仁、秦艽、苍术、野山楂、紫花地丁、泽兰、刺五加等。

本区也是民族药蒙药的发源地，在中国民族药中占有重要地位。内蒙古自治区经过多年的资源普查，初步摸清了蒙药资源，全区共有各类蒙药植物资源 926 种，具有民族特色的主要药用植物种类有蒙古山萝卜、金莲花、香青兰、紫筒草、瑞香狼毒、苦豆子、糙苏、肾叶橐吾、绶草等。在蒙药中，丁香、荜茇、豆蔻、香青兰、马钱子、水银和草乌等用得较多，配伍中凡用草乌，多数必配诃子。

所有药用植物，都有它正常生长的自然环境和适生条件。在环境中，对于植物有作用的因素称为“生态因素”或“生存条件”。根据生态因素的性质，通常可以划分为气候因素、土壤因素、地理因素、生物因素和人为因素。各种因素对药用植物生长发育的影响程度并不是等同的，并且，也不是孤立地或恒定地发挥作用，而是彼此联系、相互促进、相互制约的。环境中任何一个单因素的变化，必将引起其他因素发生不同程度的变化，即对药用植物起作用的是生态环境中各因素的综合作用。另一方面，在各个生态因素中，其中一个或两个因素，在一定条件下，起着主导作用，即该主导因素改变时就会引起所有生态因素的重大改变，而形成另一个生态类型。

温度是植物生长发育不可缺少的生态因素之一，它对植物的生理活动、生化反应等生命活动过程有着重大的影响，从而影响植物生长。同时温度的变化还能引起环境中其他因素如湿度、土壤肥力等的变化，进而影响药用植物的生长发育、产量和质量等。

每种药用植物的生长发育都只能在一定的温度区间内进行，超过这个区间范围，药用植物生长发育就会变缓或停止，甚至发生死亡。各种药用植物都有它们自己的最低、最高和最适温度，即“温度三基点”。不同药用植物种类对温度的要求不一样，如热带植物生长的最低温度为10℃，最适温度为30～35℃，最高温度为45℃；温带植物在5℃或10℃不会有明显的生长，最适温度一般在25～30℃，最高温度为35～40℃；寒带植物可在0℃或0℃以下生长，最适温度稍高于0℃。另外，积温也是一个重要的参数，它表示某一种药用植物对热量需求的指标。对药用植物，积温可以是某一生育时期，也可以是全生育期要求的温度总和。掌握这些参数，就可根据当地气温情况，确定安全播种期，也可根据某一药用植物的长势和气温预报资料，估计其生育速度和各生育期到来的时间，甚至还可进行产量预测等。了解药用植物对温度的适应范围及其与生长发育的关系，是确定生产分布范围、安排生产季节、获得药用植物高产优质的重要依据。

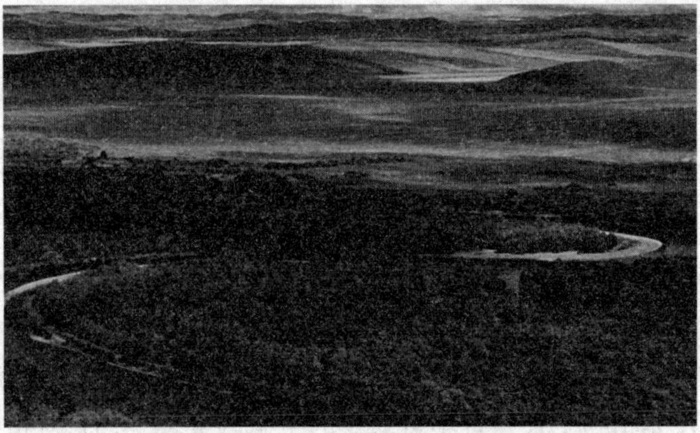

第二章 根及根茎类中草药栽培技术

第一节 知母栽培技术

一、概述

知母又名蒜辫子草、羊胡子根、地参，为百合科知母属多年生草本植物。以根状茎入药，有清热除烦、泻肺滋肾的作用。知母耐严寒、干旱，喜温暖。宜选择疏松的腐殖壤土栽培，土质黏重、排水不良的地块及阴坡不宜种植。知母主产于河北、山西、内蒙古、辽宁等省、自治区，其中以河北易县知母质量最佳。

二、栽培技术

知母分种子与分株两种繁殖方式。

1. **种子繁殖** 种子繁殖分春播与秋播，以秋播为佳。春播于4月上旬进行，按行距25厘米，开1～2厘米的小沟，然后撒种、浇水，每667平方米用种量为1～1.5千克。出苗前要保持土壤湿润，大约20天出苗。秋播在10月底至11月初进行，方法同春播一样，次年4月出苗。

知母

1. 植株　2. 花　3. 果实

2. **分株繁殖**　分株繁殖在秋季茎叶枯萎或次年春返青前进行，刨取根状茎，分段切开，每段 3～5 厘米，以株距 7～10 厘米、行距 20～30 厘米，开 10～15 厘米深的沟栽种，覆土压紧并浇水。苗高 5～7 厘米时，松土除草并间苗。苗高 10 厘米左右定苗。苗期要保持土壤湿润，及时除草。分株繁殖的当年和直播的第二年，在苗高 15～20 厘米时，每 667 平方米施尿素 30 千克，沟施后覆土。对于不留种的植株应除去花薹。

3. **病虫害防治**　知母主要受虫害影响，尤以蛴螬危害严重。防治方法：发生时浇施 50% 辛硫磷乳油，每 667 平方米用量为 250 毫升，兑水浇入即可。

第二节　甘草栽培技术

一、概述

乌拉尔甘草为豆科植物干燥根和根茎，是一味大宗的常用中草药，被国家列为重点专控中药材，由于甘草味甜，除药用外，还被广泛用于食品工业，作为天然的甜味剂。近几年来，在天然产物热的潮流影响下，我国大量出口甘草及其提取物到东南亚及欧美国家，甘草已成为我国医药行业最大宗的出口创汇药材之一。

野生的甘草资源主要分布在我国黄河流域及黄河以北地区，内蒙古、甘肃、新疆等省、自治区野生资源分布较多。20 世纪 90 年代以前，我国的甘草供应主要靠在这些地区采挖的野生资源，随着国内外对甘草需求量的成倍增长，靠人工采挖野生甘草已不能满足市场需求，同时严重破坏了我国西北地区的植被，导致沙漠化程度加重，这样使甘草的供需矛盾进一步加剧，因此，研究甘草野生变家种和高产优质栽培技术已是一个迫在眉睫的课题。

二、栽培技术

1. 选地整地

（1）选地　选择土地肥沃、宿根性杂草少、有排灌条件的沙土地或沙壤地种植甘草。前茬最好是玉米、小麦、瓜菜类熟地，不能选择杂草多的荒地、干旱地、涝洼地、盐碱地种植甘草，即使种了也长不好。

（2）整地　选好地后，每 667 平方米撒施 15 千克磷酸二铵作为底肥，也可施农家肥，然后深翻土地，耙平。播种技术分两种：垄播和平播。垄播要起垄，垄距 60 厘米左右，起垄要直，成龟背形，土壤要疏松。也可以平播，华北、西北地区沙土地一般采用平播技术。种植甘草，选地技术是关键，选好一块地等于成功了一半。

2. 播种技术

（1）拌种　播种前一天，将甘草种子 100 千克拌 0.25 千克辛硫磷乳液，目的是防止地下害虫吃掉甘草种子和甘草幼芽，拌好药后，用塑料布盖好种子，待播种。

（2）播种量的确定　直播地每 667 平方米播 3 ~4 千克。种子经化学药物处理并包衣。种子质量标准为发芽率 80% 左右，纯度 100%，净度为 95%，每千克种子 8.5 万 ~9.5 万粒，发芽势好。育苗地每667平方米土地播种量5~8千克。

3. **播种方法** 播种方法分机械播种和人工播种两种。

（1）机械播种方法 将拌好辛硫磷的甘草种子装入播种机种箱内，播种机可选择精量播种机。播种深度一定要严格控制在2.0~2.5厘米，千万不能播得深了，播深了，甘草幼芽顶不出土。10天左右甘草幼芽陆续出土。

（2）人工播种方法 垄播方法为在垄上开10厘米宽幅的小沟，沟深2~3厘米，用点葫芦或手将种子播在10厘米宽幅的沟内，人工覆土，覆土深为2厘米，不允许超过3厘米，人工用脚踩实或用磙子压实，10天左右甘草幼芽陆续出土。平播方法为将土地整平，用开沟器开沟，将种子均匀洒在沟内，然后覆土2~3厘米厚，用脚踩实。

为了保证甘草出全苗，在干旱的年份，必须在播种前灌水，然后再播种，如果有喷灌条件，可播后喷水保墒。在没有浇水条件的旱地，可在雨后趁墒播种也能抓住全苗。

甘草播种的技术要求很精细，望各位种植户认真安排好播种的时间和人工、物资，每天每人播667平方米左右，不能求快，要求高质量。

4. **田间管理程序** 播种后第二天立即地面喷洒甘草专用除草剂1号和杀虫剂各一次，两种药剂可合并一次喷施。

人工喷雾或机械喷雾均可。配药的方法：每667平方米用专用除草剂1号200毫升+杀虫剂0.1千克+水50千克左右混匀，地面全封闭喷雾。目的是封闭田间的种子杂草和杀死地上害虫。如果春季地上害虫很厉害，再喷一次杀虫剂。一般15天左右不进入田间。但农技人员必须每天例行检查甘草幼苗的生长情况并作文字记录。如果甘草幼芽已出土面，则不能喷甘草专用除草剂。

15天左右，甘草幼苗出土面，两片子叶展开，第一片真叶随后出来，此时，到田间观察甘草幼苗有少量死苗现象。在甘草幼苗两片真叶时，应打保苗药剂，配方如下：每667平方米用专用保苗剂粉剂100克+水50千克，充分溶解，喷施在甘草幼苗的叶子上。将甘草幼苗迅速催起来，从而防止甘草幼苗的死亡。如出现断垄现象，应及时组织人补种断垄的部分，保证田间出全苗，补种是保证全苗的重要田间措施。

当甘草幼苗长出3片真叶时，要组织人工拔掉甘草田间的早春杂草，不要用锄铲草，以免破坏专用除草剂的效果。

当甘草长出4~6片真叶时，人工顺垄开沟追施一次尿素，每667平方米5~15千克，雨前雨后追施均可，也可结合人工除草将尿素埋入土里。

6片真叶时，直播地需要间苗，每667平方米地保苗2.5万~3.5万株即可。育苗地一般不间苗，每667平方米8万~10万株即可。此时，甘草幼苗的根长15厘米左右，株高10厘米左右，一般不会发生死苗现象。田间保苗除草算成功。

6~10片真叶时，气温升高，田间杂草开始旺长，此时田间机械铲草或人工铲草1~2次。

6~10片真叶时，结合铲草每667平方米再追施5~10千克尿素，使甘草幼苗迅速长起来，尽早封垄。

15片真叶时，可能发生蚜虫和青虫，一旦发生，就应马上打药，刻不容缓，蚜虫可用氧化乐果每667平方米0.1千克，共喷1~3次；青虫用溴氰菊酯乳油每667平方米0.1~0.15千克叶面喷雾，1~3次可解决；两种虫子同时发生可将两种药剂一起混打。

15片真叶期，甘草生长旺盛即将封垄，应加紧追施一次尿素，每667平方米地5~10千克，并用人工或机械铲一次草。此时，即将进入雨季。铲草追肥后，在田间垄沟中喷施专用除草剂2号每667平方米200毫升，可抑制夏季单子叶杂草的生长，此时的甘草根长应在30厘米以上，地上叶子生长旺盛，进入封垄。

15~20叶期，甘草苗高达30~40厘米，甘草封垄。田间管理工作基本结束，派人看护即可。但还要密切注意杂草的长势，如果杂草多，还应派人拔除，雨季要及时排水，不能让雨水浸泡甘草根而导致烂根。

茎叶枯萎期。到秋季，当地上茎叶干枯时可将其烧掉或割掉，有条件的地块可浇一次冻水。

育苗地当年秋季可挖出甘草根，进行移栽，挖出的根芦头以上要留5厘米的茬和横走茎，甘草苗在移栽前必须用甘草专用保根剂浸蘸30秒钟，防止烂根，促进根系生长。边挖边栽，最好不要假植，绝对不允许将根苗芦头的幼根系和须根剪掉。移栽方法如下：开20厘米深沟，沟距40厘米，将甘草根斜摆或平摆在沟内，株距7~10厘米，然后再盖土，芦头在土下2厘米处，用脚踩实或压实即可。每667平方米可栽1.5万~2.2万株，上冻前浇一次定根水即可。华北地区秋栽方法比春栽产量要高一些。东北地区移栽时一定要防冻、防烂根，最好采用春栽。

第二年田间管理。开春后，直播地甘草开始返青，苗高5厘米时，可每667平方米一次性追肥10~15千克磷酸二铵或尿素10~20千克，并浇水一次。

移栽的甘草苗第二年春天返青后，结合浇水，要追一次磷酸二铵或尿素，每667平方米15~30千克即可。

等甘草苗高10厘米以上时，机械或人工除草1~2次。当甘草苗30厘米高时，甘草封垄。

有蚜虫和青虫发生时，用敌百虫和乐果防治。

第二年秋季采收前，有条件的地区应浇一次水。

收获。甘草一般2~3年可收获成品，如因土地、田间管理方面的原因没有长成成品，可以再长一年收获。通过测产，达到每平方米挖出 1.5 千克成品，即每 667 平方米出产 1000 千克以上鲜根时，可收获成品。如果根头直径在 0.7 厘米以下时，应该挑选出来作为甘草苗再移栽。

直播地一般根深在 50 厘米左右，用甘草专用犁可起收 40 厘米左右土层的产品，40 厘米以下的毛根放弃，丢失率 10% 左右，损伤率 15% 左右，用甘草专用犁起收基本达到农艺要求。2～3 年直播或移栽鲜根每 667 平方米产量在 1000～1250 千克，混等条甘草每 667 平方米 300 千克左右，毛甘草每 667 平方米 200 千克左右，条甘草 7 元/千克，毛甘草 3 元/千克，合计每 667 平方米产值 2700 元左右。育苗移栽的产品质量与直播相比，区别不大，小面积种植，可采用育苗移栽方法，大面积采用直播方式，因地因人而异。

第三节 黄芩栽培技术

一、概述

黄芩又名山茶根、土金茶根，为唇形科黄芩属多年生草本植物。以根入药，有清热燥湿、凉血安胎的作用。黄芩喜温暖气候，耐干旱，耐高温，耐严寒，怕涝，忌连作。在干燥向阳、雨量中等、排水良好的中性或微碱性土壤中长势好。主要分布于河北、辽宁、陕西、山东、内蒙古、黑龙江等省、自治区。

二、栽培技术

黄芩采用种子繁殖和分根繁殖。

1. **种子繁殖** 种子繁殖要选用新籽。播种方式分直播与育苗两种，以直播为好。

直播分春播与秋播，春播于 4 月进行，秋播于 8 月进行。选择

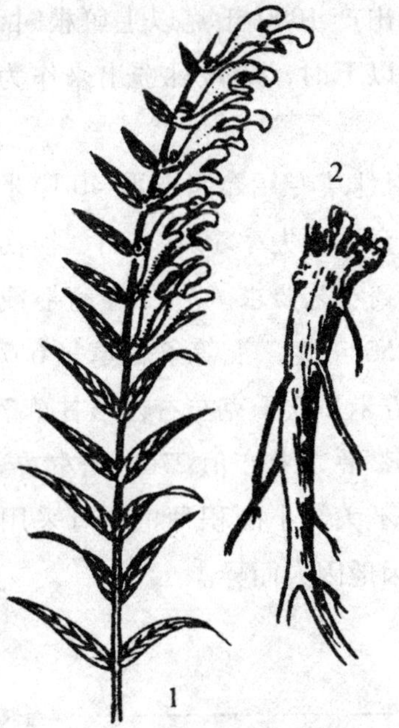

黄芩

1. 植株上部　2. 根

条播方法，按行距 30 ~ 35 厘米，沟深 1 ~ 3 厘米，开沟进行播种，每 667 平方米播种量为 0.5 ~ 0.75 千克。播种后一定要保持土壤湿润，10 ~ 12 天幼苗出土。育苗需要做苗床，在 3 月底至 4 月初，将土地精耕细作，施足底肥，做宽 1.2 米的苗床，按行距 20 ~ 27 厘米，深 2 厘米开沟播种。种子要经过 40 ~ 45℃温水浸 5 ~ 6 小时，捞出稍晾方可播种。每 667 平方米播种量为 1.5 ~ 2.5 千克。播后盖细土，以不见种子为度。为利于出苗，可进行喷灌或薄膜覆盖。若采用薄膜覆盖方式，出苗后应适时通风，当苗高 3 厘米时，应逐渐除去薄膜。在幼苗 5 ~ 6 厘米时，起挖幼苗，按行距 30 厘米、株距 10 厘米移栽于大田。

直播地苗高 3 厘米时，按株距 6 ~ 10 厘米定苗。黄芩苗期生长缓慢，要及时松土、除草。追肥在 6 月底至 7 月初进行，每 667 平方米追施磷酸二铵 20 千克加尿素 10 千克，于行间沟施，覆土，浇水。第二年返青后和 6 月中旬各追肥一次。为促进根部生长，对于不留种的植株，每年应剪去花枝。

2. 分根繁殖　分根繁殖在春季进行，在黄芩芽未萌发时，挖出地下部分，切下主根供药用。将根茎分成若干块，但应保证每块有 2 ~ 3 个芽，按行距 30 厘米、株距 15 厘米穴栽。保持土壤湿润，大约 10 天出苗。

黄芩的主要病害是叶枯病，为害叶片。发病初期，先从叶尖或叶缘出现不规则的黑褐色斑，然后自下而上蔓延，严重时叶片枯死。为了有效地防治叶枯病，收获后，清除残枝病叶，集中烧毁。发病初期用50%多菌灵1000倍液或1∶1000甲基托布津液喷雾，每7～10天1次，连续2～3次。

第四节　北沙参栽培技术

一、概述

北沙参为伞形科植物珊瑚菜的干燥根，主产于山东、辽宁、内蒙古、河北等省、自治区，具有润肺止咳、养胃生津等功能。北沙参的适应性强，喜温暖湿润的气候，耐寒、耐旱，喜阳光、喜沙质肥沃的土壤。

二、栽培技术

1. **选地整地**　北沙参是深根性植物，应选择土层深厚、土质疏松、肥沃、排水良好的沙质壤土种植，低洼积水的地块和黏土地不宜种植。选好地后深翻，施足基肥，耙平做畦。

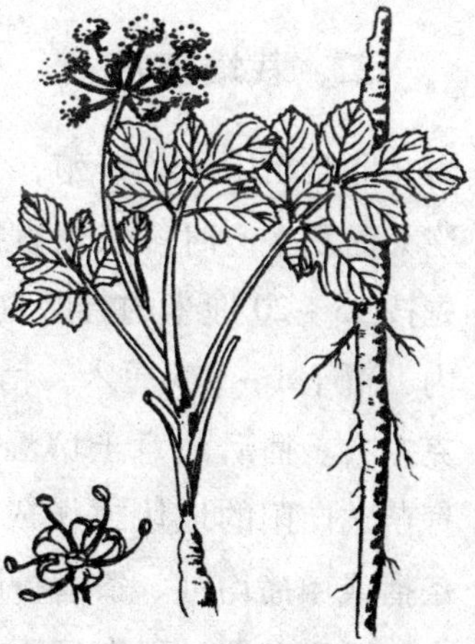

北沙参

播种秋季采收的新鲜种子需沙藏处理，将种子按1∶3的比例拌砂，埋入坑内，保持湿润和低温。沙藏期间，要经常检查种子胚芽发育状况。第二年春化冻后，即可挖出播种。条播方式播种，行距25厘米，播深3厘米，每667平方米需种子4～5千克，镇压保湿，15天左右，幼芽出土。

2. **田间管理** 苗齐后，要及时中耕除草，并结合追肥，每667平方米施10千克尿素加10千克磷酸二铵，同时间苗，保持株距5～7厘米。雨季要及时排除地里的积水，并把花蕾摘掉，促进根的生长。

3. **病虫害防治** 北沙参的主要病虫害有根腐病、锈病、蚜虫、钻心虫，用常规方法均能防治。

第五节 北柴胡栽培技术

一、概述

北柴胡别名硬苗柴胡、竹叶柴胡，为伞形科多年生草本植物，以根入药。柴胡的野生资源主要分布于吉林、辽宁、河北、河南、山东等省，生长在较干燥的山坡、林缘、草丛等处，适宜生长在壤土、沙质土壤或腐殖质土壤中，耐寒性强，并能耐旱，但忌水涝。

二、栽培技术

北柴胡用种子繁殖，人工栽培时可采取直播方式或育苗移栽。当大面积生产时多采用直播，直播期多在冬季结冻前或春季。播时先按15～20厘米的行距划行开沟，沟深1～2厘米，将种子撒入沟内，覆土1～1.5厘米，稍镇压后浇水，播种量每667平方米1.5千克左右。播后注意土壤湿润，以利出苗，一般秋播较春播出苗齐，育苗选向阳的地块或做成阳畦，在3月上旬至4月下旬期间播种，条播或撒播均可。条播行距1厘米，划小浅沟，将种子均匀撒入沟内，覆土盖严，稍作镇压，用喷壶洒水，或者先向阳畦的床土上灌水，待水渗下后再行播种，均匀地撒完种子后，用竹筛撒上一层细土覆盖畦面，播种畦上可加盖塑料薄膜或盖层草帘，有利于保温保湿，可加速种子出芽出苗。待苗高5~7厘米时即可挖取带土坨的秧苗，定植到大田里面去，定植后，要及时浇水。待定植苗生出新根，叶片开始扩展的时候，轻轻松土一次，做好保墒保苗工作是创造高产的关键。

出苗前保持畦面湿润，出苗后要经常锄草松土，苗高5~7厘米时进行间苗，待苗高10厘米以上时，按5~7厘米株距定苗，苗长到15~20厘米高时，每667平方米追施磷酸二铵12.5千克，尿素7.5千克。在松土锄草时，都需注意勿碰伤茎秆，以免影响产量。第一年新播的柴胡茎秆比较细弱，在雨季到来之前应中耕培土，以防倒伏，无论直播或育苗定植的幼苗，第一年只长基生叶，很少抽薹开花，第二年才抽薹开花。目前野生的柴胡种子不易收集，在人工栽培的场地最好留有采种圃，采集柴胡种子，以利于扩大种植面积。

第六节　三七栽培技术

一、概述

三七又名田七、金不换，为五加科人参属多年生草本植物。以根及根状茎入药。生品有散瘀止血、消肿镇痛的作用，熟品有补血益气的作用。三七为亚热带高山植物，喜阴，畏严寒；喜潮湿，怕积水，又怕酷热。主要分布于云南、广西、四川等地。

二、栽培技术

1. **选地整地**　选择地势高燥、排水良好的壤土或沙质壤土、向阳的缓坡地或生荒地，忌连作。秋季深翻、耙平，做高25~35厘米、宽100~120厘米的畦，留排水沟。播种或定植前要施足底肥。

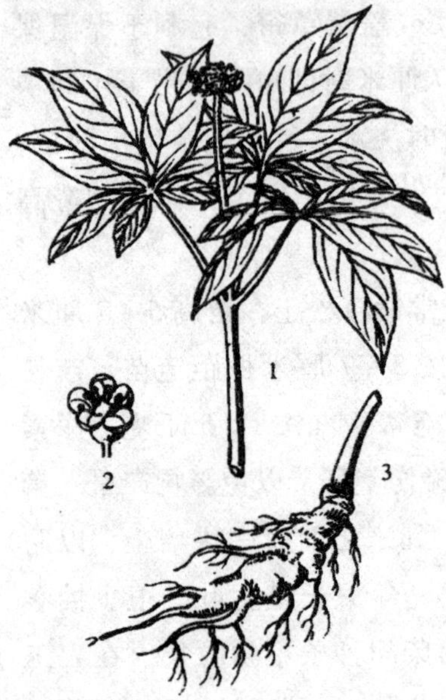

三七

1. 花枝 2. 花 3. 根及根茎

2. **选种及种子处理** 三七果实于10~11月采收。采收时选取3年生、生长健壮、籽粒饱满的母种果实作种，以果实成熟变红时采摘为佳。采收后，去掉果皮，洗净，可直接进行冬播。若不能立即播种，可将果实摊放在筛内，厚约3厘米，置阴凉处，可保存7~10天。外运种子，应去掉果皮，洗净，拌入湿沙，种沙比例为1∶2，贮入木箱中即可。

3. **播种** 南方多采用冬播，按行距6厘米、株距5厘米点播，播后盖细肥土，以盖没种子为度，上盖杂草，防止土壤板结。约3个月出苗，4个月出齐。北方春播，种子沙藏至萌发可播种，播后约1个月出苗。

4. **定植** 芽未萌动时进行，多在每年的12月。挖苗时注意不要伤根，按大、中、小分级分别栽种。定植方法：

（1）普通定值法 在畦面上开平底槽，深3厘米左右，宽度以能放三七根为度，芽苞朝坡下，尾朝坡上，按行距17厘米、株距15厘米定植。

（2）双棵栽植 在畦面上开小沟，深度为3厘米，沟距15~20厘米。将三七根芽对芽、尾对尾顺沟放入2棵，间距为20厘米。畦边的2棵，根向畦内，同时盖上肥料，以不露芽苞为宜。最后盖草约3厘米，以不见土为原则。

5. **搭阴棚** 整地做畦后，用木棍、竹竿、杂草等材料，搭成高

1～1.5米的平顶式阴棚。其透光度随生长期与季节的变化适当调整，在出苗期和抽薹开花结籽期需强光，而在干旱、阳光强烈季节应减少透光度。

6. **肥水管理** 齐苗后，要及时除草，雨后松土。发现三七根茎外露时，要及时培土。由于三七根入土浅，追肥要少施勤施。追施农家肥，必须要经过充分腐熟。秧苗期多施熏土，展叶后施一次，每667平方米施150～200千克，半月后再施一次。5月后追施混合有机肥，每667平方米施2500千克。6～8月，每月追肥一次，每667平方米施人畜粪水2000千克。定植后翌年4～5月施一次农家肥，6～8月同上年一样追肥一次。种植3年以上的三七，追肥时间和次数应增加，并追加草木灰。现蕾期和开花期施农家肥，每667平方米施3000千克，9～10月再施一次盖芽肥。三七喜潮湿，故应保持土壤湿润。雨季时则应及时排水。

7. **打花薹** 这是提高三七产量、质量的一项措施。从第二年开始，在三七抽薹要开花时摘去花薹。留种植株除外。

8. **病虫害防治** 立枯病又名烂脚瘟，为害三七种子、种芽及幼苗。防治方法：

（1）土壤处理 播种前用适量敌百虫粉剂处理土壤。

（2）种子处理 播种前将种子用甲基托布津适量浸种10分钟。

（3）病区处理 发病初期用敌百虫200倍液浇灌病区。

根腐病为害根部。防治时，首先要选择排水良好的地块种植。其次要选取健壮无病幼苗移栽，当出现病株时，要及时拔除病株并用石灰消毒病穴，并用多菌灵1000倍液或50%甲基托布津1000倍液浇灌病区。

第七节　地黄栽培技术

一、概述

地黄又名怀地黄，为玄参科地黄属多年生草本植物。以块根入药，因加工方法不同分鲜地、生地、熟地。鲜地有清热、生津、凉血之功效。生地具清热、生津、润燥、凉血、止血的作用。熟地则有滋阴补肾、补血调经的作用。地黄有“三喜、三怕”的习性：喜凉爽气候，怕高热；喜阳光充足，怕阴雨；喜黄墒，怕水泡。选择肥沃、松软的沙质壤土为宜，不可选盐碱地、黏重土壤。河南温县、博爱、武陟、孟州市等主产地产量最高，质量也最佳。全国其他地方也有栽培。

二、栽培技术

地黄以根茎繁殖为主。选择5年未栽培过地黄的土地。前茬以禾本科为宜，而前茬为芝麻、花生、油菜、豆类、萝卜、瓜类、棉花的地块不宜栽培。同时还要求地块通风良好。土地应深翻30厘米左右，施足基肥，以农家肥为佳。土地要整细耙平，做宽1.2米的畦。将根茎切成长3～6厘米的小段，切口蘸草木灰，稍晒即可栽种。按行距35厘米、株距30厘米挖穴，穴深3～5厘米，每穴栽入1～2节，覆土，镇压，每667平方米需种栽30～40千克。10天左右出苗。

苗高10～20厘米时，进行间苗，每穴留壮苗1株。若缺苗，应及时补栽。齐苗后应结合除草施肥一次，每667平方米施入畜粪水3000千克或饼肥50～100千克。苗高15厘米左右，再施第二次，每667平方米施尿素10千克。封行后则不再追肥。

地黄浇水以勤浇为主，尤以生长前期浇水更应及时，而到了雨季则注意排水。

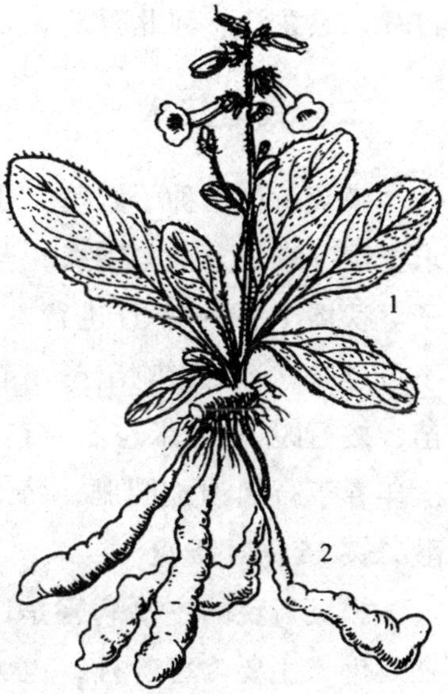

地黄

1. 地上植株 2. 地下根茎

地黄病害主要为斑枯病与轮纹病。斑枯病在5月中旬发生，病叶出现黄绿色病斑，后来变成黄褐色，叶片上出现许多小黑点，可导致植株死亡。轮纹病的特点是病叶上呈现同心轮纹，上面着生黑点，导致叶片枯死。针对这一情况，在收获时，要清除残枯病叶并烧毁或深埋，在作物的生长期要增施磷、钾肥，增强抗性。当作物发病时喷1∶1000甲基托布津液，每隔10～14天一次，连续3～4次。

第八节 膜荚黄芪栽培技术

一、概述

膜荚黄芪为豆科多年生草本植物。以根入药。其形态特征是：茎直立，高40～80厘米。奇数羽状复叶，小叶6～13对，叶片宽椭圆形，长7～30毫米，宽3～12毫米，上面近无毛，下面伏生白色柔毛。花冠黄色至淡黄色，有时稍带紫红色；荚果膜质，被黑色短伏毛。花期6～7月，果期7～9月。膜荚黄芪喜凉爽气候，耐旱，耐寒，怕热，怕涝。选择土层深厚、透水性强的中性或微碱性沙质壤土栽培，重盐碱地不宜种植。主产于山东、陕西、甘肃、辽宁、吉林、黑龙江、河北等地。

二、栽培技术

膜荚黄芪用种子繁殖，分春播和秋播。春播于3~4月进行，要求土壤湿润，条播、撒播、点播均可，每667平方米播2~3千克种子。秋播于10~11月进行。无论春播与秋播，覆土以2厘米为宜，不可过厚，否则影响出苗。苗期要保持土壤湿润。苗高15厘米时间苗，按行距10厘米左右定苗。雨季时注意培土。播种前施足基肥，次年春于行间沟施圈肥，每667平方米施500~1000千克，另加磷酸二铵15~20千克。

膜荚黄芪的主要病害是白粉病和红根病。白粉病在苗期和成株期发生，主要为害叶片，也为害荚果。受害叶片和荚果表面如覆白粉，后期病斑上出现小黑点，造成早期落叶或整株枯萎。防治方法：发病初期用50%甲基托布津可湿性粉剂800~1000倍液喷雾，每10天一次，连续2~3次。

膜荚黄芪

1. 果枝 2. 根 3. 果实 4. 种子

红根病的特点是导致烂根，地上植株自下而上枯萎、死亡。为了更好地防治此病，在收获时清除病根，集中烧毁。种植时要与禾本科作物轮作3~4年，忌重茬。发现病株及时挖除，病穴及其周围撒上石灰粉，以防蔓延。雨季要注意排水，降低田间湿度。整地时每667平方米用敌百虫粉剂0.1~0.2千克进行土壤消毒。

第九节 掌叶大黄栽培技术

一、概述

掌叶大黄，为蓼科多年生草本植物，以根及根茎入药，含致泻、收敛两种成分。具有泻热攻下、行瘀化积、抗菌消炎的功效。主产于甘肃、青海、四川等省。为我国传统中药材，栽培历史悠久。栽培品种有药用大黄、唐古特大黄等。大黄喜冷凉气候，耐寒，忌高温，多生长于海拔2000米左右的高寒地区，对土壤要求严，一般以土层深厚、富含腐殖质、排水良好的沙壤土为宜。

二、栽培技术

1. **选地整地** 应选择排水良好的沙质壤土和富含腐殖质的土地种植。平整土地后做成宽1.3米、高30厘米的畦，作为育苗地。移栽地区必须深耕40厘米，施足基肥。

2. **繁殖方法** 主要用种子繁殖，也可用子芽繁殖。大黄种子发芽率可维持4年，发芽率一般为40%左右。种子繁殖分为育苗移栽和直播两种方法。

3. **育苗移栽法** 育苗移栽法分为春播和秋播。春播以春季化冻后播种为宜，秋播以8~9月为宜。条播与撒播均可。条播在畦面开沟，沟距25厘米，播幅10厘米，深3~4厘米。撒播将种子均匀撒在畦面，每隔2~3厘米有1粒种子，播后盖上细土，以看不见种子为宜，畦面可盖稻草。每667平方米播种量5~7千克。10天左右，大黄种子发芽出土，将盖草揭去，除草、浇水、施肥。每667平方米可育出壮苗7万~10万株，能定植2.3~3.3公顷左右。第二年春天移栽，行距70厘米，株距50厘米，穴深30厘米，每穴栽1株苗，

掌叶大黄

盖土浇水，施肥除草，并可在行间间作其他作物。

4. **直播法** 直播法可省一些人工，在初秋或早春进行。直播按行距60～80厘米、株距50～70厘米穴播，穴深3厘米左右，每穴播种5～6粒，覆土2厘米。每667平方米用种量1.5～2千克。

子芽繁殖方法是在大黄收获时将母株根茎上萌生的健壮而较大的子芽摘下种植。

5. **田间管理** 大黄要种植3～4年才能收获，在3～4年中，每年要定期除草3～4次，除草的同时要追施化肥和人粪尿，化肥以磷酸二铵为好。除草的同时在植株根周围培土，以促进根茎的生长。在3～4年期，大黄部分抽薹，此时要及时摘除花薹，以利于根茎发育。病虫害的防治也是大黄栽培过程中的重要措施。大黄的病害主要有根腐病、大黄轮纹病、疮痂病、炭疽病、霜霉病等。以上几种病害对大黄生长和产量影响较大，在发生病害前应用药剂防治，发生以后一般难以防治。传统的防治方法是1000倍甲基托布津喷施叶面。目前发明的新型药剂比上述两种更加有效。虫害的为害相对小一些，主要有蚜虫、金龟子、夜蛾幼虫，可用常规杀虫药防治。

第十节 半夏栽培技术

一、概述

半夏别名三步跳、三步倒。为天南星科半夏属植物。以块茎入药，有燥湿化痰、降逆止呕等功能，主产于我国长江流域，东北、华北地区也产，但质量不如南方的好。半夏喜湿润、怕干旱，耐阴、耐寒，块茎能自然越冬。生长过程中遇到恶劣的气候条件就发生倒苗现象。

二、栽培技术

1. **繁殖方法** 半夏以块茎繁殖和珠芽繁殖为主，亦可用种子繁殖。

（1）块茎繁殖 半夏栽培2年后，可于每年的6、8、10月倒苗后挖取地下块茎。选横径粗0.5厘米左右的生长健壮、无病虫害的小块茎作种。种茎拌以半干半湿的细沙土，贮藏于通风阴凉处，于当年冬季或第二年春季取出栽种。以第二年春栽植为好。行距15厘米，开沟宽10厘米、深5厘米左右，每沟内交错排列2行，芽向上摆入沟内，栽后上面施一层混合肥土，然后盖土5厘米左右。每667平方米需种栽100千克左右。

（2）珠芽繁殖 半夏每个茎叶上长1个珠芽，数量充足，且发芽可靠，成熟期早，是主要的繁殖材料。夏秋间，当老叶即将枯萎时，珠芽即成熟，随即采下，按行株距10厘米×8厘米挖穴点播，每穴2～3粒。亦可在原地盖土繁殖，即倒苗一批，珠芽掉在原地土面，用四齿耙搂土面盖土一次，同时施入适量的混合肥，即可促进珠芽萌发生长。

(3) 种子繁殖　生长2年以上的半夏，从初夏至秋冬，能陆续开花结果。当佛焰苞萎黄下垂时，采收种子，进行湿沙贮藏，第二年3～4月播种于苗床上，15天左右即出苗，但出苗率不高，种子发芽势弱，生长缓慢，生产上不常采用。

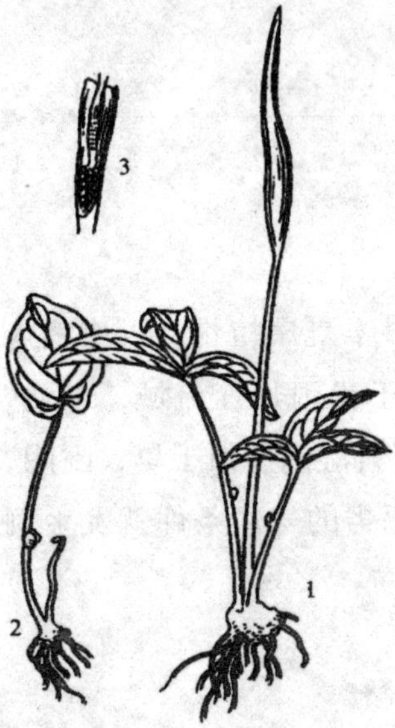

半夏

1. 植株　2. 幼株

3. 佛焰苞

2. 选地整地　半夏栽培地宜选择湿润肥沃、保水保肥力较强、质地疏松的沙质壤土种植，也可以选择半阴半阳的缓坡地，也可以与玉米、油菜、麦类、果林间作。选好地后，冬季深翻，施足基肥，耙平做畦。

3. 田间管理　半夏幼苗生长缓慢，而杂草生长迅速，因此要及时除草3～4次，中耕时要浅锄，不能伤根。水肥管理也十分重要，半夏地要经常保持湿润、阴凉，并要适时追肥，人粪尿和磷酸二铵均可。常发生的病虫害有腐烂病、叶斑病、病毒病等，用常规方法防治。

第十一节　桔梗栽培技术

一、概述

桔梗别名包袱花、铃铛花、道拉基等，为桔梗科桔梗属多年生草本植物。以根入药，具有宣肺、散寒、祛痰、排脓的功能。桔梗喜温和气候，耐寒喜阳光，以壤土、沙质壤土、黏壤土及腐殖质壤土为宜，忌积水，怕风害。我国南北各地均有栽培，尤以安徽桐城的“桐桔梗”质量为佳。

二、栽培技术

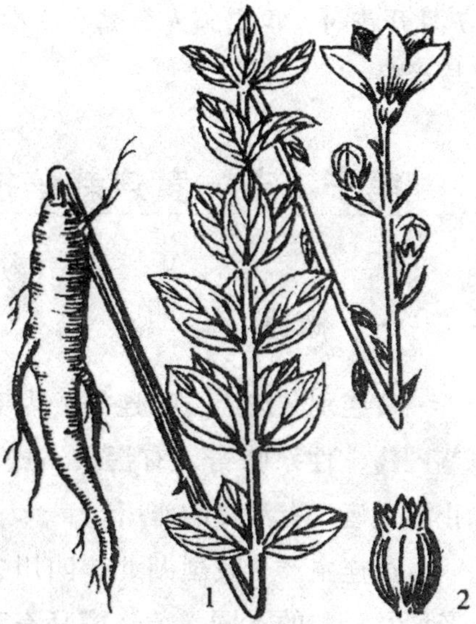

桔梗

1. 植株 2. 果实

以种子繁殖为主，分直播与育苗。直播根条直，无分枝，质量好。直播以春播为主，也可冬播。冬播于11月初进行，在畦上按20～25厘米行距开1厘米深浅沟，撒种盖土，稍作镇压。每667平方米用种量为1～1.5千克。上冻前浇一次防冻水，次年春出苗。春播种子要处理，将种子置于500℃温水中，搅动至凉后，浸泡8小时，再用湿布包上，放在25～30℃的地方，用湿麻袋盖好，进行催芽。每天晚上用温水冲滤一次，4～5天后，种子萌动即可播种，10～15天出苗。每667平方米播种量为1～1.5千克。

育苗宜选避风向阳地块，施足基肥，耕耙整平，做宽1.3米的苗床，按行距10厘米开1厘米深沟条播或撒播，覆土1～1.5厘米。播后要保持土壤湿润，半个月左右出苗。苗高3厘米时间苗。苗高5～7厘米时，以株距5厘米定苗。后期管理中要注意排水，适时松土除草。秋后或次年春，定植于大田，按行距25～30厘米、株距7厘米左右栽植即可。

直播地苗高5厘米时，结合松土除草，同时去除过密的苗。苗高7厘米时，按株距7～10厘米定苗。苗高20厘米时，每667平方米追施磷酸二铵 20 千克，尿素 15 千克，行间沟施并覆土浇水。6 ~ 7 月开花时，再追施人畜粪水一次。雨季进行培土、排水，防止倒伏与烂根。

第十二节　黄连栽培技术

一、概述

黄连别名川连、味连等，为毛茛科多年生常绿草本植物，以根茎入药，性寒味苦，有泻火、燥湿、解毒之功效。主治消化不良，止泻止痛，有消炎的作用。

黄连主产于我国湖北、四川、云南、陕西、湖南等省，由于其产区及种类的不同，黄连商品有味连、雅连、云连之分。味连栽培面积最大，主要分布在四川东部、湖北西部及陕西南部一带，雅连主要产于四川的洪雅县、雅安市一带，云连主要分布在云南西北部。

黄连一般生长在海拔 1200 ~ 1800 米的高寒地区，喜阴湿凉爽的气候。冬季在-8℃以上能正常越冬。黄连对水分要求较高，不耐干旱，因其根茎浅、叶面积大，所以需水量较多，但不能积水。因此，雨季要及时排水。黄连为喜阴植物，忌强烈的直射光照射，喜弱光，苗期最怕强光。因此，栽培黄连必须搭棚，透光度 50% 左右。

二、栽培技术

1. **选地整地**　选土壤肥沃、腐殖土深厚、排水良好的沙质壤土，坡度为 20°以内。将地上杂草挖掉，深翻耙平，做 1.3 米宽的高畦。

2. **繁殖方法**　黄连用种子繁殖和扦插繁殖，生产上多用种子繁殖。5 月上旬种子成熟后立即采收。采收的种子胚尚未分化，必须经过种子处理后方可播种。种子用沙藏法处理，到 11 月经沙藏的种子开始裂口，即可播种。

3. **搭阴棚** 黄连幼苗怕日晒，必须搭棚遮阴，阴棚高 70 ~ 80 厘米，棚上覆盖松树枝即可。

4. **播种育苗** 10 ~ 11 月份，经沙藏的种子裂口后即可播种，每 667 平方米播种量 1.5 ~ 2.5 千克左右，盖 1 厘米厚的干细土和腐熟的牛马粪一层即可。

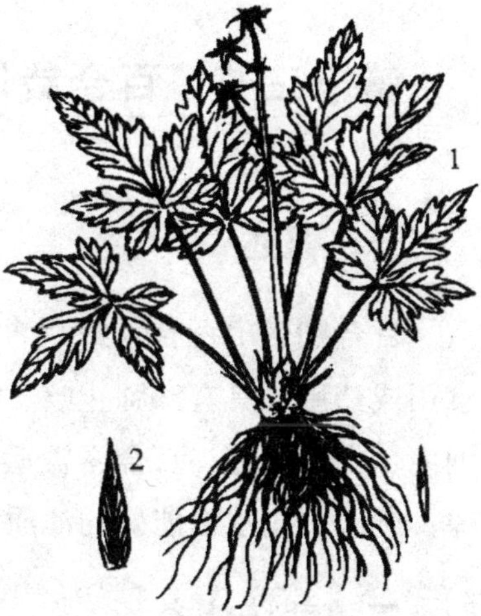

黄连

1. 全株 2. 种子

5. **苗田管理** 黄连幼苗生长缓慢，要及时除掉杂草，并追施尿素 10 千克，到 5 月下旬黄连幼苗可出 3 片真叶。播后第三年可出圃移栽，一般 3 千克种子可育 10 万 ~ 20 万株黄连苗。

6. **移栽** 应选择 4 片以上真叶、株高在 6 厘米以上的健壮幼苗。移栽时间多在春、秋两季。春栽在 7 月以前，成活率高，生长健壮。秋栽成活率不及春栽。移栽时行株距为 10 厘米×10 厘米，每 667 平方米栽苗 6 万株左右，栽深 3 ~ 5 厘米，地面留 3 ~ 4 片大叶片即可。移栽以后按常规进行田间管理，一定要及时清除田间杂草，及时追肥，同时要培土，以利于增产。

7. **病虫害防治** 黄连的病害较少，在雨季易发生白粉病，可用常规方法防治。在山区栽黄连，野生动物、老鼠对黄连地的为害较大，应派人看守。

第十三节　百合栽培技术

一、概述

百合别名山百合、野百合等，为百合科百合属植物，以鳞茎供食用或药用，具有润肺止咳、清心安神之功效。主产于湖南、四川、河南、山东等地。百合喜温暖、湿润环境，耐旱，怕涝，以土壤深厚、肥沃、排水性能好的沙质壤土为宜。

二、栽培技术

1. **繁殖方法**　百合有多种繁殖方法。以鳞茎、鳞片、珠芽繁殖为主，亦可用种子繁殖。鳞片繁殖法百合收获后，选择生长健壮、无损伤和病虫害的大鳞茎，切去基部，留下鳞片，晾干数天，在整好的苗床上按行距15厘米开横沟，沟深7厘米左右，然后每隔3～4厘米摆入鳞片一块，顶端朝上，栽后覆土3厘米厚，上层盖一层稻草。当年生根，第二年春即可长出幼苗，再培育2年，地下鳞茎个体重可达50克左右。每667平方米需种鳞片150千克左右。

（1）鳞茎繁殖法　百合的老鳞茎在生长过程中能从茎轴上长出多个新生的小鳞茎，秋季收获时大鳞茎供药用，小鳞茎摘下用作繁殖材料。随收随种，苗床行距25厘米，沟深5～7厘米，每隔5～7厘米摆一个鳞茎，第二年春季出苗后，加强田间管理，秋季可收获，50克以上的作成品药材，50克以下的继续繁殖种栽。

（2）珠芽繁殖　百合植株在叶腋间长出珠芽，当夏季花谢后，珠芽即成熟自行脱落，此时摘下珠芽可在苗床上繁殖。

（3）种子繁殖　9～10月份采集即将成熟的蒴果，置通风干燥的室内晾干，后熟。然后用沙藏法处理种子，第二年春季筛出种子春播，行距 10 ~ 15 厘米，沟深 3 厘米，将种子播入沟内，盖一层土，畦面盖一层稻草，保温保湿。幼苗出土后加强管理，培育 3 年可收获。

2. **选地整地** 栽培百合宜选择地势高燥、向阳、土层深厚的沙质壤土种植，每 667 平方米施基肥 2000 千克，做宽 1.3 米畦，畦沟宽 30 厘米，以利排水。

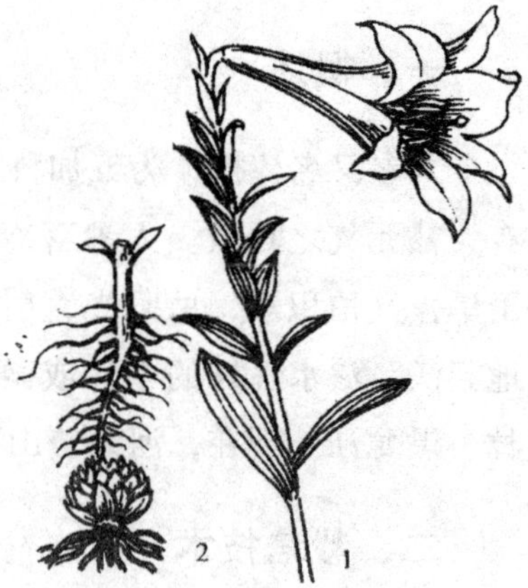

百合

1. 花枝 2. 鳞茎

3. **移栽** 用上述繁殖方法所得材料，移栽到生产田。以秋栽为好。南方于 9 月下旬至 10 月上旬，北方于 9 月上旬进行。行距 25 厘米，沟深约 12 厘米，每隔 15 厘米摆一个，盖土，搂平畦面，盖一层稻草，第二年春季揭去。每 667 平方米用种量 150 ~ 200 千克。

4. **田间管理**

（1）中耕除草 春季苗齐后要进行第一次中耕除草，结合除草要追肥一次，人粪尿、化肥均可。一年当中要除草 3 ~ 4 次。

（2）摘蕾 除留种田外，5 ~ 6 月份现蕾时均要及时剪除花蕾，有利于鳞茎生长。

（3）排水灌水 百合怕涝。夏季多雨季节要及时排水，遇干旱天气，要及时灌水。

5. **病虫害防治** 常见的百合病害有叶斑病、病毒病，虫害有蚜虫等，可用常规方法防治。

第十四节　人参栽培技术

一、概述

人参又名棒槌，为五加科人参属多年生草本植物。以根供药用，有大补元气之功效。人参喜冷凉、湿润气候，耐严寒，怕高温，怕干旱，又怕积水，忌阳光直射。选地应严格，适宜在排水良好、土地肥沃、渗水性好的中性或微酸性沙质壤土种植。主产于辽宁、吉林、黑龙江。现在，河北、山西、湖北等地也有栽培。

二、栽培技术

1. **选地整地**　选择多年荒地、新林地，或者轮作20年以上的土地。要求背风、排水好、土地肥沃，缓坡或平地，呈微酸性的棕色森林土或黄沙土、黑沙土。新开垦的土地，应休闲1年。将土地施足基肥，翻耕3～4次，除净杂物，做高30厘米、宽1.2米，作业道宽0.5～1米的高畦。

2. **播种**　人参播种分春播、夏播、秋播。春播与秋播的种子要经过催芽处理，裂口后方可播种。夏播在较暖的地区进行，如辽宁、河北等地。采收种子后，立即播种，播种量为3千克/667平方米左右。

人参生长年限较长，以生长6年采收为宜，亩产干货600千克左右。生产中要进行移栽，一般育苗2～3年进行移栽，多在9月中下旬进行。移栽时要精选参苗，去掉病残参苗，并根据需要对参苗作适当的修剪处理，多采用斜栽方式。移栽时切勿伤小芽苞。移栽后，畦面覆盖杂草、秸秆等，防止冻害。

3. **田间管理**

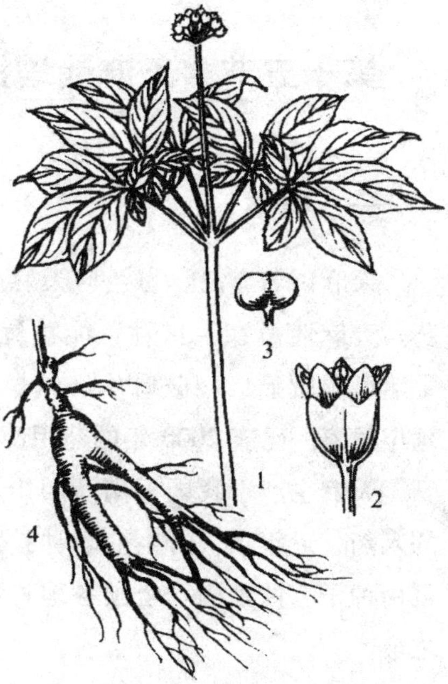

人参

1. 花果枝 2. 花
3. 果 4. 根

（1）搭阴棚 人参怕阳光直射，又怕雨淋，故需要搭设遮阴棚。参棚形式较多，有全阴棚、双透棚、单透棚、弓形棚、拱形棚等。阴棚不可过高，但要保证早晚的阳光能照射即可。

（2）施肥 以农家肥为主，可用圈肥、堆肥等，也可叶面喷施磷肥。

（3）松土除草 人参栽培中，松土除草是一个重要环节。要求勤松土，勤除草，同时也应注意，不可破伤参根和芽苞。

（4）防旱排涝 人参喜湿润，干旱时应勤浇水。雨季来临时，要适当培土，防止雨水浸泡畦面。

（5）摘花蕾 对于不留种植株，应及时除去全部花蕾。

（6）防干旱冻害 人参虽耐寒，但怕早春气温反复变化，所以，在上冻前要在畦面铺防寒物，第二年，化冻后除去防寒物。

4. **病虫害防治** 人参立枯病、根腐病、矮病比较容易发生，应及时用各种农药喷雾处理。

第十五节 天麻栽培技术

一、概述

天麻别名赤箭。为兰科天麻属多年生草本植物。以地下块茎入药。天麻性微寒、味甘，能益气、养肝、止晕、祛风湿、强筋骨。主治风湿腰痛、四肢麻木、眩晕头痛等症。长期服用能轻身健体、延年益寿。已有2000年的药用历史。

天麻主产于我国云南、四川、贵州、陕西等省。过去多挖野生的入药，近年来，野生变家种技术研究成功，不仅可无性繁殖，也可用种子有性繁殖。全国各地均有栽培，目前陕西省的产量为全国之最。

二、栽培技术

1. **培育蜜环菌材与菌床** 兰科天麻属植物，无根、无绿色叶片，不能吸收土壤中的养分和进行光合作用，它必须与蜜环菌（紫萁小菇菌）共生才能生长发育正常，是一种较为特殊的药用植物。根据其这种生长特性，必须先培育出蜜环菌材和菌床。培养菌材之前必须先培养菌枝。在山上采集带有野生蜜环菌的树根作菌种，用此树枝作菌枝来培养，将野生的蜜环菌树根作种栽，摆在两层树枝之间，顶土覆盖5~6厘米厚，再盖一层树叶以保湿，大约1个月后，蜜环菌就在树枝上长满了，称为菌枝。

菌枝培养好后，就可培育菌材了。用板栗木、栎木或桦木作为菌材。锯成60厘米长，直径5~10厘米的树干，在树皮上砍成鱼鳞口，备用。挖坑深50~60厘米，摆100~200根菌棒为宜，坑底铺一层树叶，平摆树棒一层，两根树棒之间加菌枝一根，用潮湿的土将空隙填好。如此一层一层摆好，覆顶土10厘米左右，即可培养出优质菌材。

培养菌床一般在6~8月份进行，当年即可用来栽培天麻。挖深30厘米、60厘米见方的坑，坑底先铺一薄层树叶，摆新鲜木材3~5根，棒间距离2~3厘米，放菌枝2~3段，盖一层木，再放一层，每穴10根菌材为宜，上面盖土10厘米即可。

天麻

1. 块茎 2. 花枝 3. 花

2. **选择天麻种栽** 无性繁殖用的种麻主要为白麻和米麻。选择种栽时应注意下列标准：

（1）大小 白麻个体如手指大小，10~20克鲜重。

（2）颜色 种麻白色，鲜嫩。

（3）病虫害 无病害，无撞伤，表面无蜜环菌侵染。

3. **栽培方法** 目前产区有两种方法。一种是菌棒伴栽法，另一种是菌床栽培法。还有其他的栽培方法，如箱栽法等。

（1）菌棒伴栽法 选9根培养好蜜环菌的菌棒，挖一个30厘米深的坑，下层放一层树叶，再放入5根菌棒，每根之间空2~3厘米，将天麻种栽摆在菌棒之间，摆2~3个，盖一层细土，再盖一层树叶，将另外4根放在上层，摆放好天麻种栽，盖上细土和树叶，最后盖顶土10厘米左右，为一穴。

（2）菌床栽培法 菌床栽培法是将预先培养好的菌床，用锄将其挖开，菌床5根为一穴，上层2根，下层3根，拿出上层菌棒，下层菌棒不动，然后在两棒间用小铁铲挖一个小洞，放入种栽，盖土至与棒平，然后放入上层2根菌棒，在菌棒间放几个米麻，盖上土即可。

天麻有性繁殖，6～7 月份播种，一般在播种后一年半，次年 11 月收获。如果发芽原球茎能早期接上蜜环菌，播种当年 11 月便可长成白麻或米麻，可作为种栽移栽。无性繁殖冬天 11 月栽种的，次年 11 月收获，春天 3～4 月栽种的，当年 11 月或次年 3 月可收获。

4. 天麻有性繁殖技术

（1）培育种子　选择平坦的树荫下，沙壤土栽植天麻。栽植期分春、秋两次。南方冬季栽天麻，北方在 3 月份解冻后栽植天麻。应选 150 克以上、无病虫为害、顶芽完好的天麻作培育种子的种麻。栽时应顶芽向上，两天麻间距 5 厘米左右，覆土 3～6 厘米。天麻贮存的营养已可满足抽薹开花结果的需要。春季出苗后应在花薹旁插一竹竿，将天麻秆捆在竹竿上，防止倒伏。经常浇水防旱，开花后进行人工授粉。授粉后 20 天左右，果实纵缝线突起，在未开裂前，用手轻捏果实，如已变软，即为适宜采收期，可将其上下 5～6 个果子采下，装入纸袋中备用。

（2）播种技术　6～7 月份种子成熟后应随采随播，不宜久存，因天麻种子的寿命较短，播不完剩下的种子应放入冰箱中保存。每穴播 10～15 个果实的种子。播种方法有多种，产区常用的方法是树叶菌床法和伴菌播种法。不管哪一种方法，原则是播下的种子必须与密环菌共生，穴内保持湿润，有利于密环菌的生长及种子发芽。

5. 田间管理　天麻生长在地下，在阴湿的环境下生长，主要的田间工作有防旱、防涝、防冻和防治病虫害。6～8 月份天旱时应及时浇水，雨季一定要排水，引出播种穴内的积水，冬季穴上要盖一层树叶或稻草防冻。

6. 病虫害防治　主要有地下害虫为害，如蝼蛄、蛴螬，另外还有介壳虫等。另一个是有害杂菌侵染天麻块茎，造成烂根。因此，在播种或栽培过程中要防止杂菌的侵染。

第十六节　防风栽培技术

一、概述

防风别名关防风、东防风、旁风，为伞形科多年生草本植物，以根和全草入药，有解表发汗、祛风、除湿作用。野生于山坡、林边、草原、沙质壤土和多石砾的向阳山坡。耐寒、耐旱，忌过湿和雨涝，适宜在夏季凉爽、地势高燥的地方种植，主产于黑龙江、吉林、辽宁、河北及内蒙古等地。

二、栽培技术

用种子繁殖，播种期分春播和秋播。春播在 4 月上中旬，秋播于地冻前播种，次春出苗，秋播出苗早而整齐，春播需将种子放在 35℃的温水中浸泡 24 小时，使其充分吸水以利发芽；秋播可用干种子，在整好的畦内按行距 25 厘米开沟条播，沟深 2 ~ 3 厘米，将种子均匀地播入沟内，每 667 平方米播种量 2 ~ 3 千克，盖土压实，如遇干旱，应及时灌水，出苗期保持田间湿润以利出苗。

当苗高 5 ~ 7 厘米时，按株距 3 ~ 5 厘米间苗，待苗高 10 ~ 13 厘米时，按 7 ~ 10 厘米株距定苗，6 月除草 3 ~ 4 次，7 月以后封垄即不能进入地内除草。雨季前应培土，地冻前应再次培土保护根部，同时除草。如播种时基肥多，第一年可不追肥，第二年早春返青时每 667 平方米施入人粪尿 1000 千克加磷酸二铵 15 ~25 千克，沟施行间，或用堆肥每 667 平方米 500 千克加磷肥，也可单用尿素每 667 平方米 10 ~ 15 千克。

第十七节　板蓝根栽培技术

一、概述

板蓝根为十字花科植物，以根、叶入药，有清热解毒、凉血消斑的作用。适应性强，对自然环境和土壤要求不严，耐寒，在我国南北各地均可栽培，喜疏松肥沃的沙质壤土，低洼积水地易烂根。主产河北安国、江苏南通市。

二、栽培技术

用种子繁殖。

留种及采种：板蓝根当年收根不结籽，10 月下旬刨收板蓝根时，选健壮、无病害的根条按行株距 50 厘米×25 厘米移栽到肥沃的留种田地，栽后及时浇水，加强管理，第二年 5～6 月间种子顺序成熟后，采收，晒干，脱粒，存放于通风干燥处备用。

播种可春播也可夏播，方法基本相同。春播于 4 月上旬，夏播于 5 月下旬进行。先在畦面上按行距 25 厘米划出深 2～3 厘米左右的浅沟，将种子均匀撒入沟内，覆土 2～3 厘米，稍加镇压，每 667 平方米播种量 1.5～2 千克。

苗高 7～10 厘米时，要及时间苗，然后按株距 5～7 厘米定苗，同时除草松土。定苗后根据幼苗生长状况，适当追肥和灌水，一般 5 月下旬至 6 月上旬每 667 平方米追施尿素 7.5 千克，磷酸二铵 7.5～15 千克，混合撒入行间，有条件的地方每 667 平方米也可追施饼肥 40～50 千克，南方各地多追施人粪尿 400～450 千克，凡生长良好的在 6 月下旬和 8 月中下旬能采收两次叶片，采叶后随时追肥浇水，以促进叶片生长。

第十八节　丹参栽培技术

一、概述

丹参又名紫丹参、血参、大红袍，为唇形科多年生草本植物。以根供药用，有活血调经、镇静安神等功效。喜温暖、湿润，茎叶不耐寒，地下根却能露地越冬，怕高温、干旱、水涝。选择土层深厚、排水良好的中等肥力的沙质壤土栽培。主产于四川、河北、安徽、江苏、山东等省，全国均有栽培。

二、栽培技术

繁殖方法分种子、分根、扦插三种形式。

种子繁殖采用育苗移栽方式。育苗在上冻前或清明至谷雨期间进行，条播或撒播均可，覆土1～1.5厘米。保持土壤湿润，大约15天出苗。出苗后加强管理，结合松土并除草，勤浇水。苗生长1年后移栽。移栽后要经常中耕除草，苗高10厘米时，结合中耕培土追施尿素10千克。雨季注意排水，防止涝害。对于不留种植株，应除去花枝。

丹参

分根繁殖在秋末地上茎叶枯萎或春初发芽前进行，将根刨出，选粗壮根截成6～10厘米的小段，晾半天，待伤口愈合后，栽入畦内，行距为 33 厘米，株距为 8 厘米。

扦插繁殖，北方在 7 ~ 8 月，南方在 4 ~ 5 月，选择健壮的茎枝，切成 15 厘米左右的插穗，斜插入苗床上，插入深度以 8 厘米左右为宜。插后应适时浇水，适当遮阴。

丹参受蛴螬、地老虎为害严重，可采用毒饵诱杀。

第十九节　山药栽培技术

一、概述

山药为薯蓣科薯蓣属植物，是药食兼用的古老作物，已有 2000 年的栽培史，其块根含丰富的蛋白质、氨基酸、维生素及淀粉等，具有健脾益肺、固精补肾的功效，是一种很好的治疗糖尿病的食药兼用的药用植物，全国各地均有栽培。

山药

1. 雄枝　2. 果枝　3. 根茎

二、栽培技术

1. 选地　土壤要求土层深厚、土质疏松、排水良好、肥沃的沙质壤土，对气候条件要求不严，适应性强。

2. 繁殖方法　有两种繁殖方法：芦头繁殖和珠芽繁殖。4 月上旬，当气温上升到 15℃左右，选择粗壮完好的山药作种栽，栽时先按行距30厘米开横沟，沟深10厘米，宽20厘米；再按株距20厘米，将芦头朝同一方向平摆沟底，覆土5厘米，再盖一层厩肥，浇水，每667平方米用种栽100千克左右。

3. **田间管理** 幼苗长到30厘米时，要按行距用竹竿搭架，架高2米，将茎牵引到架上有利于生长。除草3~4遍，苗高30~50厘米时，追肥一次，冲稀的人粪尿每667平方米2000千克左右，可适当掺一些尿素。山药怕积水，雨季要及时排水，以免烂根。

4. **病虫害防治** 山药主要防治地下害虫，栽种时用1∶1000甲基托布津液浸种10分钟，再栽种，可用辛硫磷等药剂杀死土中的病菌、地老虎、蛴螬等。

第二十节 泽泻栽培技术

一、概述

泽泻别名水泻、天鹅蛋、一枝花，为泽泻科多年生草本植物，以块茎入药，有清热、渗湿、利尿等作用。泽泻为水生植物，喜生长在温暖的地方，耐高湿，怕寒冷，土质以潮湿带黏性的土壤为宜，幼苗喜荫蔽，移栽后喜阳光充足，通常栽培于水田或烂泥田中，前作多为早稻，主产于四川、福建。

二、栽培技术

泽泻用种子繁殖，采种时一般由种仁鉴别成熟度，种仁呈红色为老熟，金黄色为中熟，呈绿色即为嫩籽。

选择地势稍高、排灌便利的高田作为育苗田，耕翻后施人粪尿500~1000千克，耙平做成1米宽苗床，整地要求精耕细作。7月播种，可用布包好种子放水中浸渍24~28小时催芽，用草木灰拌种后，均匀撒播，用扫帚在畦面拍打镇压，使种子与畦内土紧接，以免大雨或灌水时冲掉种子。日照强烈的地方，应遮阴，一畦插4行杉木枝条，并立即灌水，水深3～4厘米为宜，2天后排水。播后3天幼芽出土，出苗后一般晚上灌浅水，早上排水晒田。苗高5厘米时田里要经常保持浅水，以不淹过苗尖为度，苗高5～7厘米时即行间除草。播后25天，可逐渐撤去遮阴枝条，到35～40天即可定植，每667平方米施人粪尿3000～4000千克或绿肥5000千克，于8月下旬或9月上旬定植，抢早定植是增产的关键。行株距25厘米×10厘米，带泥挖起健壮幼苗，去掉脚叶和黄叶，束成小捆，浅栽2厘米许，每穴栽苗1株。

定植2～3天，要把没有栽好而浮动的幼苗重新栽下，并把缺苗补齐。泽泻生长期短，基肥宜足，追肥宜早。第一次追肥，在栽后10～20天内，以后每隔10天施一次肥，共施4次。定植后60天停止施肥。定植后3～4天灌水，经常保持5～7厘米深的浅水，11月下旬以后排干田水，以利收获。泽泻抽薹开花，会影响产量，应随时摘去侧芽，如遇抽薹，应及时从茎基部摘除。

第二十一节　党参栽培技术

一、概述

党参又名西党，为桔梗科党参属多年生蔓性草本植物。原产山西上党，其根如参，故名党参。以根供药用，有补血养血、和脾胃、生津清肺的功能。党参喜凉爽湿润气候。在土层深厚、质地疏松、肥沃的壤土上生长较好，积水、涝洼、盐碱地和黑黏性土质不宜栽植，忌重茬。党参药材品种较多，主产于甘肃、山西、四川等省的称西党；主产于东北各省的称东党；主产于山西、河南等省的称潞党。

二、栽培技术

党参多用种子育苗移栽。在清明至谷雨时播种，播前施足基肥，翻耕后整地做畦，并灌水。水渗后将种子拌细沙，均匀地撒在畦面上，盖细肥土，以不见种子为度，播深1厘米左右。每667平方米播种量为1千克左右。

党参怕炎热、闷热气候。为遮阴可播种菜类，也可在大麦、小麦、大蒜等作物行间育苗。党参出苗后，要求小水勤浇。混种蔬菜可逐渐拔掉，苗高10～15厘米时能抵御阳光暴晒，无需遮阴。生长旺季时，应注意通风透光，可去掉过密的苗。若苗太弱，可追施人粪尿或油质肥料。切忌施碳酸铵，以免烧苗。若冬前不移栽，在上冻前浇一次冻水，盖圈肥，以利越冬。

党参

党参移栽，多在当年上冻前或次年解冻后进行。移栽前施足基肥，深翻，整平做畦。为了防止茎基部积水，可在畦内打小埂，埂距25～30厘米。然后在小埂上按株距7～10厘米挖穴栽植。栽时应将尾部剪掉一些，栽后埋严浇水即可。

移栽成活后，应经常松土除草。当苗高10～15厘米时，可顺垄插架，使茎蔓缠绕在支架上，以利通风透光。

党参的主要病害为锈病和根腐病。防治锈病，可用粉锈宁800倍液喷雾。防治根腐病，应注意田间排水，若发现烂根，立即拔除烧毁，并在穴内撒石灰粉消毒，以防蔓延。

党参的主要虫害有地老虎和蛴螬，可在整地时撒入辛硫磷防治，也可人工捕捉或灌水。

第二十二节　西洋参栽培技术

一、概述

西洋参又名花旗参、美国人参，为五加科人参属植物。以根供药用，具有益气、生津、润肺、清热的功效。西洋参原产北美洲的加拿大与美国，自1975年起，我国从美国引进了几批种子，先后在吉林、黑龙江、辽宁、陕西等省引种成功。目前，我国有三大西洋参栽培区，即东北栽培区、华北栽培区、华中栽培区，此外，福建、云南等地也有栽培。以北京怀柔栽培最为成功，产品已占领国内市场。

西洋参喜温和、雨量充沛的环境，怕高温，怕水涝，忌阳光直射。西洋参栽培对土壤要求较严，选择土质疏松、土层深厚、肥沃、通透性好及富含腐殖质的森林土或沙壤土为好。

二、栽培技术

1. 选地整地　选择海拔高度在800～1000米的山地阔叶林地带或肥沃的农田。要求排水良好、背风向阳、肥沃、腐殖质含量高的地块，农田的前茬宜选禾本科、豆科植物，不宜选用菜地、低洼、盐碱易涝地。

土地应休闲1年，于播前1年的春、夏进行土地翻耕，深度在

20 厘米左右，然后耙细，拣除石头等杂物。第二年播种前再翻耕，除杂物，并应施足基肥，整平，耙细，做成宽 1.2 米、高 25 厘米、作业道宽 80 厘米左右的畦。

2. **繁殖方法** 西洋参采用种子繁殖，分育苗移栽与直播两种形式，以前者较为常用。

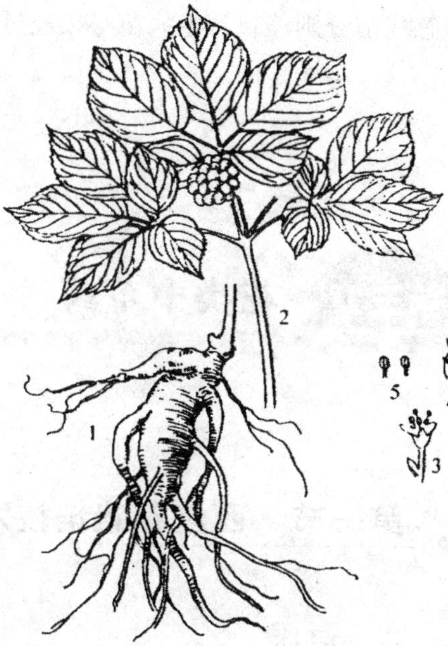

西洋参

1. 根 2. 茎 3. 花 4. 示花柱 5. 雄蕊

3. **采种及种子处理** 采收成熟果实后，搓去果皮果肉，洗净种子，晾干保存。次年 5 月上旬，取出种子，漂去瘪籽并进行表面消毒，然后与 2 ~ 3 倍的清洁湿沙拌匀，选择地块挖窖沙藏。前 80 天，将温度控制在 18 ~ 20℃，然后，降低到 12 ~ 16℃的温度下，维持 60 天左右，最后在 0 ~ 5℃ 的环境下，需 80 ~ 90 天。要求沙藏土壤的含水量适当，每隔 10 天左右倒种一次，同时防止阳光暴晒和雨水浸泡。经过这样处理的种子，发芽率可达 95% 以上。

4. **播种** 播种分春播与秋播，以春播为主。春播在 4 月下旬至 5 月上旬进行，秋播于封冻前进行。在畦面上按行距 8 ~ 10 厘米、株距 5 ~ 7 厘米、穴深 2 ~ 3 厘米播催芽籽，每穴放 1 ~ 2 个种子，覆土 3 厘米左右。播后，畦面覆盖落叶或草帘，以利保湿，出苗前除去覆盖物。采用秋播的，应加厚覆盖物，有利于越冬防寒。

5. **移栽** 西洋参苗培育 2 年后移栽，于春季芽未萌动前或秋季 10 月中下旬进行。移栽时，在畦面上按行距 15 ~ 20 厘米、株距 6 ~ 8 厘米移栽，覆土 4 ~ 6 厘米。要求随起，随选，随栽，将无病健苗与感病苗分别移栽，感病苗必须经过消毒处理。

第三章 花类中草药

第一节 西红花栽培技术

一、概述

西红花又名藏红花、番红花等，为鸢尾科番红花属植物，以柱头及花柱入药，有活血化瘀、消肿止痛等功能。西红花原产于阿拉伯国家，后传入西班牙、德国等，据记载，最早于印度传入我国西藏地区，故有藏红花之称。我国先后从国外引进球茎，在上海、江苏、福建、浙江等地试种，江苏、浙江一带均试种成功，以上海郊区产量最大。

西红花喜温暖湿润气候，能耐寒，怕水涝，要求肥沃、疏松、排水良好的沙质壤土，并要求阳光充足、雨量适中的环境。不宜在低洼地、黏土地及荫蔽的环境种植。

二、栽培技术

1. **繁殖方法** 西红花采用球茎繁殖。

2. **室内培育采花技术** 在5月上旬，当西红花叶片全部枯萎时，选晴天挖起地下球茎，齐顶剪去残叶，除去母球茎残体，将10克以上球茎按大小分别装入盘内，排放在室内匾架上。匾长100厘米、宽60厘米、高10厘米，由竹木制成。调节室内的温度、湿度。温度必须控制在15～30℃；室内相对湿度在80%以上，可通过地面洒水来调节。8月份花芽开始分化，10月份开始开花，可在室内采收花柱。用此法采收的花柱质量好、产量高、采摘方便、省工省时，不受外界环境影响。

3. **田间培育球茎技术** 球茎在室内开花后，消耗了大量养分，采摘后立即定植于大田培育，使球茎在结冻前生根展叶。

将球茎按单个重大于25克，8～25克，小于8克分为三级。在整好的畦上移栽，单个重较小的应密植，移栽时，将球茎芽头向上栽入，覆土3～6厘米，浇定根水，每667平方米栽种2.5万个球茎为宜。

球茎栽后，在畦面上铺一层农家肥，保温防冻。第二年春季球茎开始膨大时，应追肥1～3次，每667平方米施入稀薄人畜粪水1000～1500千克。

第二节 红花栽培技术

一、概述

红花又名草红花，为菊科红花属植物。以花入药，有活血化瘀、消肿止痛的功能。红花喜温暖、略干燥的环境，耐寒，较耐旱，怕高温，怕涝。红花栽培选地不严格，以排水良好、肥沃的沙壤土为好。红花属长日照植物，生长后期若有较长的日照，可促进开花结果，提高产量。主产于河南、浙江、四川、河北、新疆、安徽等地。

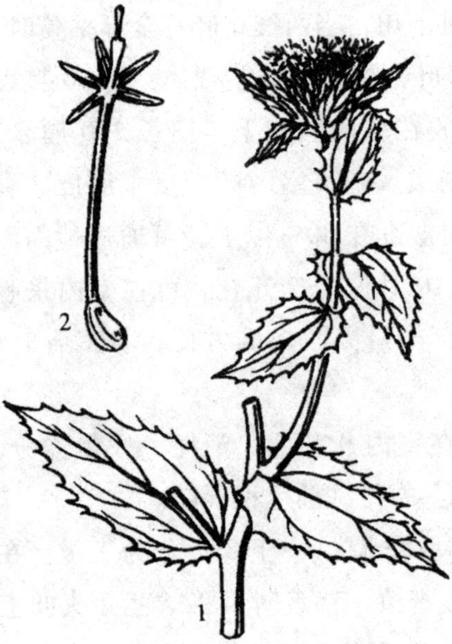

红花

1. 花枝 2. 花

二、栽培技术

1. **选地整地** 以选择地势高燥的沙壤土为宜，播前将土壤深翻 20 ~ 25 厘米，施足基肥后，耙细整平，做畦。

2. **播种** 播种多采用春播。在 3 ~ 4 月，当地温在 50℃以上时，可以播种。按行距 40 厘米、株距 25 厘米、深 3 ~ 5 厘米挖穴，每穴放 3 ~ 4 粒种子，覆土搂平，浇水即可。每 667 平方米用种量为 2 ~ 3 千克。一般 10 天左右出苗。

3. **间苗补苗** 当幼苗长出 2 ~ 3 片真叶时进行第一次间苗，除去长势弱的。当抽茎时进行第二次间苗，每穴留 1 ~ 2 株。若有缺苗现象，选择阴雨天或晴天的傍晚，及时补苗。

4. **中耕除草及追肥** 红花喜肥，可结合中耕除草，追肥 3 ~ 4 次。施农家肥、化肥均可。植株封行前应重施，每 667 平方米施腐熟厩肥或堆肥 2000 千克，加磷酸二铵 25 千克，施后培土，以防倒伏。

5. **排灌水** 红花耐旱怕涝，一般不用浇水，但幼苗期与现蕾期需水量较大，可适当浇水。雨季时应及时排水。

6. **病虫害防治** 红花受炭疽病、根腐病及菌核病为害，其中以根腐病为害程度大，若遇阴湿环境，为害更为严重。

第三节 金银花栽培技术

一、概述

金银花又名忍冬、双花、二花等，为忍冬科忍冬属半常绿缠绕小灌木或直立小灌木，以未开放的花蕾和藤叶入药。具有清热解毒、散风消肿的功能。金银花喜温暖湿润、阳光充足的气候，适应性很强，耐寒、耐旱、耐涝。对土壤要求不严，平原、山区均能栽培，也可利用荒山坡种植。主产于山东、河南、湖南等省，以山东产的品质为最佳。

二、栽培技术

1. **繁殖方法** 金银花分种子繁殖和扦插繁殖两种。

（1）种子繁殖 秋季采收成熟果实后，将其置清水中揉搓，漂去果皮及杂质，捞出饱满种子，晾干贮藏备用。若秋播可直接播种。如果第二年春播，可用沙藏法处理种子越冬，春季化冻后播种。在整好的苗床上按行距20厘米、深4厘米左右开沟，均匀撒种，覆土压实，10天左右出苗。每667平方米用种量为1～1.5千克。当年秋季或次年春季可定植于大田。

（2）扦插繁殖 金银花藤茎生长季节均可进行。选择藤茎生长旺盛的枝条，截成长30厘米左右的插条，每根保留3～5个节位，摘下叶片，上端平截，下端切成斜口，用500毫克/千克的吲哚乙酸液浸泡一下，按行株距各1.5米扦插，每穴扦插3～5根，地上留1/3的茎，保留1～2个芽在土地上面，踩紧压实，浇透水，约1个

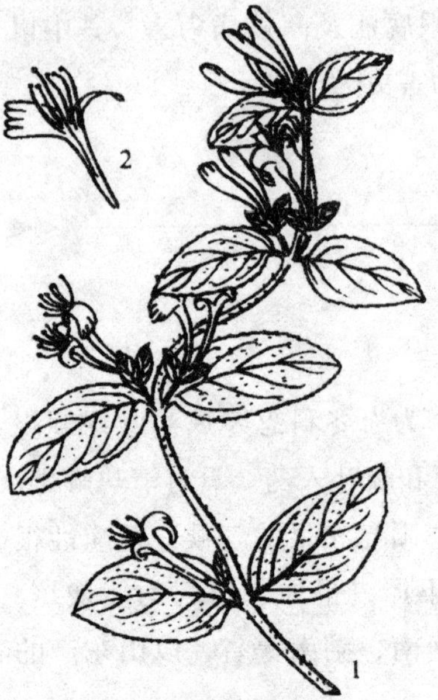

金银花

1. 植株 2. 花

月可生根发芽。也可扦插育苗后，再定植于大田。

2. 田间管理

（1）中耕除草　移栽成活后，每年要中耕除草3~4次，3年以后，藤茎生长繁茂，可适当减少除草次数。

（2）追肥　在每年春秋季追肥，农家肥、化肥均可，每667平方米施尿素30~40千克。

（3）修剪整形　生长1~2年的金银花植株，藤茎生长杂乱，需要修剪，以利树冠的生长和开花。具体方法：栽后1~2年内主要培育直立粗壮的主干。当主干高度在30~40厘米时，剪去顶梢，促进侧芽萌发成枝。第二年春季萌发后，在主干上部选留粗壮枝条4~5个，作主枝，分两层着生，从主枝上长出的一级分枝中保留5~6对芽，剪去上部顶芽。以后再从一级分枝上长出的二级分枝中保留6~7对芽，再从二级分枝上长出的花枝中摘去钩状形的嫩梢。经过修剪，有利于花枝的形成，多长出花蕾，可提高产量。

3. **病虫害防治**　白粉病对金银花叶片为害严重，可通过修剪改善通风条件。另外，可用甲基托布津1000倍液进行叶片喷雾。其他病虫害可用常规方法防治。

第四节 菊花栽培技术

一、概述

菊花为菊科植物。以头状花序入药，有疏风散热、清肝明目的功效。菊花喜温暖气候和阳光充足的环境，能耐寒，怕水涝，但苗期、花期不可缺水，菊花属短日照植物，对日照长短反应很敏感，每天不超过10小时的光照，才能现蕾开花。

二、栽培技术

1. **选地整地** 菊花种植对土壤要求不严，在排水良好、肥沃、疏松、含腐殖质丰富的土中生长为好，黏土地、低洼地与盐碱地不宜种植，忌连作。

2. **繁殖方法** 繁殖方法有分株繁殖和扦插繁殖：

（1）分株繁殖 在11月采收菊花后，选择生长健壮、无病虫害的植株，将根全部挖出，除去地上茎后，栽植在一块肥沃的地块上，施一层土杂肥，以利保暖越冬。翌年3～4月扒开粪土，浇水，4～5月份菊花幼苗长至15厘米时，将全株挖出，分成数株，按株行距各为40厘米，挖穴定植于大田，每穴1～2株，栽后盖土压实，浇水。一般每667平方米老苗可栽1公顷的生产田。

（2）扦插育苗 4～5月份或6～8月份，选择粗壮、无病虫害的新枝作插条。取其中段，剪成10～15僵米的小段，用植物激素处理插条，然后按行距20～25厘米、株距6～7厘米插入苗床，并压实浇水，约20天可发根，以后每隔1个月追施一次人畜粪水，苗高20厘米时出圃移栽。

3. **移栽** 分株苗于4～5月、扦插苗于5～6月移栽。选择阴天

菊花

或雨后或晴天傍晚进行，在整好的畦面上，按株行距各 40 厘米、深 6 厘米挖穴，将带土挖取的幼苗栽入，扦插苗每穴栽 1 株，分株苗每穴栽 1 ~2 株，栽后覆土压紧，浇定根水。

4. 田间管理

（1）中耕除草　移栽成活后，应经常除草培土，直至现蕾为止。

（2）追肥　菊花喜肥，除施足基肥外，生长期还应追肥 3 次。第一次在返青后，施 10 ~ 15 千克尿素。第二次在植株分枝时，可施饼肥、人粪尿。第三次在现蕾期，每 667 平方米施人粪尿 2000 千克。

（3）摘蕾　菊花分枝后，当苗高 25 厘米时，进行第一次摘心，选晴天摘去顶心 1 ~2 厘米，以后每隔半月摘一次，到大暑后停止。

5. 病虫害防治　菊花常见的病害有根腐病、霜霉病、褐斑病等，尤其在雨季发病率高。及时排水，喷施多菌灵等药剂可防治。

第五节　辛夷栽培技术

一、概述

辛夷又名玉兰，为木兰科木兰属植物。以花蕾供药用，具有祛风散寒、温肺通窍的功效，它也是治疗鼻炎的常用中药。辛夷为落叶乔木，喜温暖气候。它适应性强，山坡、平原、房屋前后均可栽培。辛夷花芽有顶生、腋生、簇生三种，均以中短花枝的顶芽形成花蕾为主。主产于河南、安徽、湖北、四川等省。

二、栽培技术

辛夷分种子繁殖法、扦插繁殖法、分株繁殖法与嫁接繁殖法。其中，以种子繁殖法为主。

1. 种子繁殖法

（1）采种　选择树龄15～20年生的健壮树作为采种母株。在9月上中旬，当聚合果变红，部分开裂，稍露鲜红花种粒时，即可采集。采收后，将果实摊开晾晒，待全裂开时得种子。

（2）种子处理　将种子与粗沙拌匀，反复揉搓，使脱去红色肉质皮层。含油脂的外皮搓得越净，发芽率越高。搓净后，将种子用清水漂去种皮、杂质和瘪籽，晾干后用湿沙层积贮藏。第二年春，种子裂口露白时，取出播种。

辛夷

1. 花枝　2. 果枝　3. 辛夷药材

（3）播种育苗　在3月上旬进行，在整好的畦上，按行距20～25厘米开沟条播，沟深2.5～3厘米。播后覆土2～3厘米、压实并盖草。约1个月可出苗，适时除去盖草，加强田间管理，培育2年，苗高100厘米左右时，可出圃定植。

2. 分株繁殖法　在立春前后，挖取老株的根蘖苗，或将灌木丛状的小植株全株挖取，带根分株另行栽植。要随分随栽，成活率高，成株也快。

3. **扦插繁殖法** 扦插繁殖多在夏季进行，选择1~2年生粗壮的嫩枝，取其中下段，截成15~20厘米的插条，每段应保留2~3个节，将上端截平，下端切成斜口。用每千克100毫克的吲哚丁酸浸泡插口数分钟，在插床上按行距20厘米、株距5~7厘米插入土中，覆土压紧，浇水湿润，搭遮阴棚，保持土壤湿润，1个月左右可生根，成活率在70%左右。

4. **嫁接繁殖** 砧木采用紫玉兰或白玉兰的1~2年生、发育良好、生长壮实、根系发达、无病虫害的实生苗。接穗选择生长健壮、芽呈休眠状态、无病虫害的1年生枝条，采后立即剪去叶片，留叶柄，并用湿润的稻草包裹。在5月中下旬，采用带木质部的削芽接或T字形芽接法。一般在下午进行，待嫁接新芽成活后，立即解除绑绳，抹除砧芽，以促进嫁接芽的生长。管理得当，2~3年后即可开花。利用嫁接苗移栽，是辛夷早期丰产的主要途径。

以上方法繁殖的苗，于秋季或翌年早春化冻后开始移栽。移栽时，应带些挖苗的原土，避免伤根，以利提高成活率。按行距2.5米、株距2米，挖穴栽植。每667平方米用苗120株左右。

移栽成活后，每年应定期除草、追肥。辛夷幼树生长较旺盛，树冠形成快，易造成郁闭，使树冠内通风不良，枝条生长弱，影响花芽的形成。因此，要及时打顶打杈，修剪成丰产树形。

要经常观察树的生长状况，防治病虫害。虫害有蓑蛾、刺蛾等，幼虫吞食树叶，用敌百虫液等杀虫剂喷杀。

第四章 果实种子类中草药

第一节 山茱萸栽培技术

一、概述

山茱萸别名枣皮、萸肉。为山茱萸科植物。以除去种子的果实入药。有补益肝肾、涩精止汗的作用。分布于浙江、山西、陕西、山东、安徽、河南、四川等省。喜温暖湿润气候。但开花期遇冻害会严重减产。在土壤肥沃、土层深厚的沙质壤土都可栽培，要求排水良好。

二、栽培技术

采用育苗移栽，秋季果实成熟时，选籽粒丰满无病虫害的果实，剥去果肉，水洗后用湿沙藏或人尿浸种，掺牛、马粪层积。经处理后的种子，第一年出苗率60%～70%，第二年陆续出齐。也有的地区采用湿沙层积处理法，冬季获得种子后，在向阳、排灌方便的地方挖长方形的土坑，坑深25～33厘米，将坑底捣实整平后，铺细沙一层，每1份种子掺3份细沙，均匀混合后，放入坑内，经常保持

山茱萸

1. 花枝　2. 果枝

3. 花序　4. 花

潮湿，冬季盖一层草并覆土 33 厘米左右，以防受冻，第二年 3 月下旬至 4 月上旬条播，行距 33 厘米，开沟深 3 ~ 5 厘米，将处理过的种子均匀播入沟内，覆土搂平，稍镇压，上盖一层草，保持畦面湿润，4 月下旬即可出苗。第三年春继续出苗。

当年育苗，水肥供给及时，加强田间管理。幼树可长 67 ~ 100 厘米高，当年就能定植。如生长不好，2 ~ 3 年定植。在山东地区于 11 月间封冻前进行，浙江在春节期间定植。北京地区小苗定植多在春季。按 2. 7 米×2 米或 3. 3 米×3. 3 米的行株距挖穴。穴内放入土杂肥，再填少许熟土，稍加混合后定植，起苗最好选阴天。挖苗带土团定植，成活率高，根在穴内应舒展，埋土深度不超过原来苗床种植深度，定植后浇水，水渗下后，将四周土培到根际用脚踩实。定植后将茎基部丛生的枝条剪去，只留中间主枝，如地干还要浇一次水，然后培土。

移栽时如施底肥多，在当年可不追肥，以后每年春、秋两季各追肥一次，施肥量根据树龄而定，小树少施，大树多施，10 年以上的大树每株可施人畜粪 5 ~ 10 千克，在树四周开沟，将肥料施入后浇水，待水下渗，将沟盖平。定植后第一年和进入结果期应注意浇水，如花期和夏季遇旱，会造成落花落果，栽后第二年 2 月上旬前将顶枝剪去，促进侧枝生长，幼树期每年早春将树基部丛生的枝条剪去，促进主干生长，树冠的整修和下层侧枝适当疏剪，使树冠枝条分布均匀，以利通风透光，也是提高结果率的途径。幼树每年应进行1～2次培土，成年树可2～3年培土一次，如发现根部露出地表，应及时用土壅根。

第二节 栀子栽培技术

一、概述

栀子别名黄果树、山栀子、山枝等，为茜草科栀子属植物。以果与根入药，有泻火解毒、清热利湿、凉血散瘀的作用。分布于浙江、江西、福建、湖北、四川、贵州等省。喜温暖湿润气候，不耐寒冷，在北方不能自然越冬。成株较能耐旱，但种子播种后及幼苗期，必须有充足的水分，幼苗期宜稍荫蔽。土壤以排水良好、微酸性至中性的夹沙泥土或黄泥土较好，凡寒冷多风或过于干旱地区以及盐碱地和涝洼地均不宜种植。

二、栽培技术

栀子可用种子、扦插、分株繁殖。

1. **种子繁殖** 种子繁殖分大、小两个栽培品种，主要是果实大小不同，一般大果栀子的果实比小果栀子的果实大1/3～1/2左右，栽培时应选择大栀子为好。由于栀子的种子发芽率不高，故应选饱满、色深红的新鲜果实，连壳晒至半干作种，于播种前剥开果皮取出种子，泡在清水中2～3小时后揉搓，去掉浮在水面的杂质及瘪籽，将沉于水底的饱满种子捞出后稍晾干，拌上细沙，以备播种。春、秋两季均可播种，以春播为好，春播在2月下旬，秋播在9月下旬进行。播种时，先将选好的土地深翻，每667平方米施基肥2500千克左右，耙平，做成高畦，按25厘米的距离开沟条播，播种后覆盖焦泥灰和细土2～3厘米，上面盖草保墒，每667平方米用种

1 2

栀子

1. 果枝 2. 花

量2～3千克，出苗后应将盖草及时揭去，如阳光过烈，可于每日早晚浇水，以免影响秧苗生长，幼苗若生长过密，应分次匀苗，最后按株距10～13厘米定苗。还须除草、追肥。苗高30厘米以上时可行定植。

2. **扦插繁殖** 南方于秋末（9月下旬至10月）或春初（2月下旬至3月）选择生长健壮的植株上2～3年生的枝条，剪成15～20厘米长，上端平、下端斜的插条，按行距25厘米、株距10～13厘米，微斜插入苗床上，插条入土2/3，上端留一节露出土面，经常保持床土潮湿，成活后加强管理，1年后定植。

3. **分株繁殖** 栀子根茎部发生的幼株较多，可于早春或秋季刨开土表面，将母树周围20厘米长的嫩枝从母株相连处分出，单独栽植，以后浇淡粪水，促进成活。种子育苗或扦插育苗1年后，苗高30厘米以上即可定植，行株距15～20厘米。土壤肥沃时行株距可稍大，土壤瘠薄则可适当缩小行株距。定植时先刨直径50厘米、深33厘米的穴，每穴施堆肥1.5～2.5千克作底肥，每穴栽壮苗1株，栽后若遇天旱，应浇水抗旱，保证植株成活。

定植后每年4月中旬追施人畜粪肥，每667平方米2000千克，或每667平方米施硫酸铵10～15千克，于株旁开浅穴施下，以供植物抽生新枝和孕蕾的需要，5月间可再施人畜粪每667平方米1500千克或厩肥、堆肥等，以促进开花。若在开花前再施草木灰、人畜粪、磷酸二铵等肥料，可壮大果实。

第三节 栝楼栽培技术

一、概述

栝楼为葫芦科植物。以果实、果壳、种子和块茎入药。果实中药名全栝楼，果壳中药名栝楼皮，种子中药名栝楼仁，块茎中药名天花粉，均为常用中药。果实含皂甙、有机酸等，具有润肺祛痰、滑肠散结的作用。果壳具有利气宽胸的作用，果仁具有润燥滑肠的功效。块茎具有生津止渴、排脓消肿的功效。美国用天花粉蛋白治疗艾滋病获良好疗效。

栝楼喜温暖潮湿的环境，较耐寒，不耐干旱，故宜选择雨量较多、灌溉方便的地区栽培。栝楼为深根植物，应选择土层深厚、肥沃的沙质壤土为好。房前屋后也可种植，水浇地、盐碱地不宜种植。

二、栽培技术

1. **品种** 栝楼有野生种和栽培种之分。栽培种可分为仁栝楼和糖栝楼，以仁栝楼为优良品种。另外还有双边栝楼、川贵栝楼、南方栝楼等。

2. **繁殖方法** 用种子繁殖、分根或压条繁殖。种子繁殖生长年限长，容易退化，开花结果晚。生产上多采用分根繁殖为主。

（1）种子繁殖 选成熟的果实，取出种子，于清明前后将选好的种子用 40～50℃ 温水浸泡一夜，取出稍晾，用湿沙混匀，放在 20～30℃的温度下催芽。当大部分种子裂口时，按 1.5～2.0 米的穴距，挖 5～6 厘米深的穴，每穴播种子 4～5 粒，覆土 3～4 厘米，保持土壤湿润，15～20 天出苗。

（2）分根繁殖 北方在 3～4 月，南方在 10 月下旬至 12 月下旬，将块茎和芦头全部挖出，选择无病虫害、直径3～6厘米、断面白色新鲜者作种。将其切成7～10厘米的小段。注意多选用雌株的根，适当搭配部分雄株的根，以利授粉。按行距160～200厘米开沟，沟宽30厘米，深10厘米，按株距30厘米将种根平放在沟里，覆土4～5厘米厚，压实，1个月左右幼苗即可长出。

3. 田间管理

（1）中耕除草、施肥　出苗后要及时除草、追肥。

（2）搭架　当茎蔓生长至30厘米时，用竹竿作支柱搭架，棚架高150厘米左右，也可用自然的树木作架子。

（3）修枝打杈　将多余的茎藤去掉，每株只留壮蔓2～3个，第二年修枝打杈，以免茎蔓徒长，有利于结果。

（4）越冬保护　栝楼在南方可安全越冬。华北、东北地区在上冻前要培土，防止地下根冻坏，翌年3月下旬开冻前将培土扒开，以利次年出苗。

栝楼丰产的关键技术综述如下：选好品种，雌雄株合理搭配，重施基肥，人工授粉，结果期加强田间管理。

4. 病虫害防治　栝楼适应性强，病害发生较少，虫害主要有蚜虫、青虫、黄守瓜、黑守瓜、透翅蛾等，用常规方法防治即可。

第四节 凤仙花栽培技术

一、概述

凤仙花又名指甲花、透骨草，为凤仙花科凤仙花属植物。其种子，中药材名急性子，有软坚消积、降气行瘀等功效。凤仙花喜温暖湿润气候。它生命力强，对土壤要求不严，南北均可种植，主产于山东、河南、四川、安徽等省和广西壮族自治区。

二、栽培技术

1. 选地整地 种植凤仙花黏土、沙土等都适宜，其喜肥，耐高温，怕霜冻。选地后，深翻土地，整地做畦，并施足基肥。

2. 繁殖方法 繁殖方法分直播与育苗移栽两种。

（1）直播 在4月中下旬，按行距30～40厘米、深2～3厘米开沟撒播，然后覆土、踏实、浇水。20天左右出苗。苗高7～10厘米时间苗一次。苗高15厘米，按株距25～30厘米定苗。每667平方米用种量约1千克。

凤仙花

1. 花枝 2. 旗瓣 3. 翼瓣 4. 唇瓣 5. 雄蕊 6. 蒴果 7. 种子

（2）育苗移栽 选向阳、温暖的地块，于春分时做好苗床，开深2～3厘米沟撒播，盖土，搂平，浇水。当苗高10厘米时移栽到大田。

3. **田间管理** 苗成活后，要常松土除草，小水勤浇。苗高30厘米左右，可把地下茎的老叶去掉，摘去顶尖，促其分枝，并应追肥，每667平方米施饼肥40～50千克。雨季要及时培土，防止倒伏。

4. **病虫害防治** 主要有白粉病，可用粉锈宁喷治。虫害有粉蝶，可用敌敌畏防治。

5. **采收与加工** 果实八成熟时采收，因果实易自行开裂。采收后，去净杂质，晾干装袋即可。

第五节 连翘栽培技术

一、概述

连翘又名青翘，为木犀科连翘属植物。以果实供药用，有清热解毒、利尿排石等功效。连翘喜温暖、干燥和光照充足的环境，耐寒，耐旱，怕水涝。连翘繁殖力强，对土壤要求不严，耐瘠薄，在排水良好的沙质地里生长良好。主产河北、山西等省。

二、栽培技术

1. **繁殖方法** 以种子繁殖和扦插繁殖为主，亦可压条繁殖和分株繁殖。

（1）种子繁殖法 于9～10月摘取成熟的果实，晒干后脱出种子，净选后沙藏。北方于4月上旬，南方于3月上旬进行播种。按行距25厘米、深2～3厘米开沟，均匀播种，覆土2厘米，踏实，约20天出苗。当苗高7～10厘米时，间苗，株距以6厘米左右为宜。培育1年，苗高50～70厘米时，可进行移栽。

（2）扦插育苗法 选择优良母株，剪取1～2年生的嫩枝，截成长30厘米的插穗，每段留3～4个节，用生根粉或吲哚丁酸浸泡插口，随即插入苗床。行距为10厘米，株距5厘米左右。1个月左右可生根发芽，当长到高50厘米时可移栽。

（3）压条繁殖　连翘为落叶灌木，下垂枝较多，于春季3~4月将母株下垂枝弯曲压入土内，在入土处用刀刻伤，埋些细土，刻伤处即可生根成苗。加强管理，当年冬季至第二年早春，可割离母体，带根挖取幼苗，栽植于大田。

（4）分株繁殖　连翘萌发力极强，在秋季落叶后或早春萌芽前，挖取植株根际周围的根蘖苗，另行定植。

连翘

1. 果枝　2. 果实

2. **定植**　将上述育好的苗，按行距2米、株距1.5米、深70厘米挖穴栽植，穴内填些农家肥，每穴栽苗1株，覆土，浇透水。定植时将长、短花柱的植株相间种植，才能开花结果。

3. **除草追肥**　根据田间的杂草情况及时除草，连翘每年要追肥，农家肥每株施10千克左右。

4. **整形修剪**　树高1米左右时，茎叶生长特别茂盛，此时应剪去顶梢，修剪侧枝，有利于通风透光，对衰老的结果枝也应剪除，促进新结果枝的生长。

5. **病虫害防治**　钻心虫为害植株茎秆，可用敌敌畏（2-二氯乙烯磷酸酯）液喷雾防治。

第六节　补骨脂栽培技术

一、概述

补骨脂又名黑故子、川故子、破故子等，为豆科补骨脂属植物。以果实入药，具有补肾温脾、补精益髓、健脾散寒等功能。补骨脂喜温暖气候，较耐旱，喜阳光充足，怕寒冷，怕荫蔽。对土壤要求不严，以选择土层深厚、排水良好、疏松肥沃的土壤种植为好，沙地、黏土地、低洼地及寒冷地区不宜种植。主产于四川、河南、陕西、山西、安徽等省。

二、栽培技术

补骨脂

1. 果实侧面　2. 果实正面

1. **整地**　选地后，于播前整地，每667平方米施农家肥3000千克，加磷酸二铵10千克，施后翻耕，耙细整平做畦。

2. **播种**　在清明至谷雨间播种，分平作与间作。平作：在整好的畦内开沟条播，沟距30厘米，沟深3厘米，将种子撒播，盖土压实，并浇水，约10天出苗，每667平方米播种量约2千克；间作：在低秆作物行内条播，方法同上。

3. **田间管理**　当苗高10厘米左右时间苗，以株距16厘米定苗。适时中耕除草。补骨脂喜肥，幼苗期浇一次粪肥或硫酸铵每667平方米25千克，苗高45厘米时，结合中耕除草施肥，每667平方米施过磷酸钙25千克。

补骨脂幼苗喜湿润环境，前期适时浇水，后期可控制水分。7～9月果实自下而上陆续成熟，可分批采收。为了提高产量和种子质量，8月下旬或9月上旬，将上端果穗剪掉，使养分集中，有利于中、下部果实成熟。

4. **病虫害防治** 补骨脂易受褐斑病、灰斑病、根腐病等为害，可用常规方法防治。地下害虫可用锌硫磷浇灌防治。

第七节 银杏栽培技术

一、概述

银杏又叫白果树、鸭脚子树、灵眼等。果实称白果，是一种食药兼用、营养丰富、价值很高的果实。为银杏科银杏属落叶乔木。主治肺虚咳嗽、慢性气管炎、肺结核、遗精、白带等症。外用可治疥疮、粉刺。银杏为喜光性树种，耐旱，又耐寒，但不能低于-20℃。宜选择地势高、光照充足、土层深厚、肥沃的沙质壤土栽培。主产于广西、四川、河南、山东、湖北、安徽、辽宁、江苏等省、自治区。

二、栽培技术

1. 选地整地

（1）播种育苗选地 银杏播种育苗时，宜选择土层深厚、疏松肥沃、地势高、排水好的沙质壤土。

（2）扦插育苗选地 银杏育苗时，宜选择黄松土、壤土为好。将地整平耙细，开厢，做成龟背形畦面，宽1.2米，高25厘米，中间稍高，四边略低，四周开好排水沟，防止积水。并提前做好水利配套设施，以便灌溉。

(3) 移栽育苗选地　移栽地，要选择地势高、日照时间长、阳光充足的地方，土壤要求深厚、肥沃、排水良好的沙质壤土或壤土，以微酸性至中性的壤土生长茂盛，长势快，成林早。

银杏

2. 定植方法　于冬季或春季进行。按行株距 5 米×4 米，每 667 平方米 35 株银杏苗，挖穴栽植，穴直径和深度为 50 厘米，穴底挖松 15 厘米土，整平。每穴施入腐烂有机杂肥和磷饼肥混合堆沤的复合肥 20 千克，与底土掺和均匀，上盖细土厚 10 厘米。最后，挖取银杏栽入穴内，使根系舒展伸平，盖土稍高于原土平面，栽直、栽稳、踩实，并浇一次定根水。因为银杏为雌雄异株，定植时，每 667 平方米应搭配 5% 的雄株，以利授粉开花结果。

3. 田间管理

(1) 中耕除草与追肥　定植后，初期行间可套种豆类、薯类及其他矮秆农作物或草本中药材。适时松土除草。树冠郁闭前，每年施肥 3 次，第一次在春初，施催芽肥；第二次在夏初，施壮枝肥；第三次于冬季封冻前，重施腊肥。肥料以有机肥为主，适当配合氮、磷、钾等化肥。施肥方法：在树冠下，开环状沟或放射状穴施入，施后盖土压肥、浇水。到结果期，于花期开始时，每隔 1 个月，进行根外追肥 1 次，用 0.5% 的尿素，加 0.3% 的磷酸二氢钾肥，配制成水溶液，选晴天傍晚或阴天喷施在叶片上。

(2) 同人工授粉　银杏为风媒植物，在雌株开花前，采集雄花枝，将其挂在雌株上，借风力进行辅助授粉，以便提高坐果率和结实率。

（3）整枝修剪　于每年冬季，剪除枯枝、细枝、弱枝、重叠枝和伤残枝、病枝等。夏季进行摘心处理，促进养分集中。同时抹除赘芽和剪除根部萌蘖，促进植株生长发育。

4. 收获与加工

（1）采收果实与加工　在9～11月进行，当外种皮呈橙黄色时，或自然成熟脱落后，采集果实，采后堆积或在缸中浸泡至果肉腐烂。然后取出，于清水中搓去肉质外种皮，洗净，晒干，打碎外壳，剥出种仁，称为生白果仁。经熏、炒、煨等加工法处理，再打碎外壳，取出种仁，即为熟白果仁。

（2）采银杏叶　在10～11月收集经秋霜打后的叶片，晾干并去杂，可为药用。

第八节　罗汉果栽培技术

一、概述

罗汉果又名拉江果、假苦瓜、白毛果等，以果实入药，有消暑润肺、清热消炎、润肠通便、益肝健脾的功效。罗汉果喜温暖凉爽多雾的气候和半阴半阳的环境。罗汉果对土壤要求不严，以土层深厚、疏松肥沃、排水良好、富含腐殖质的壤土为好。

罗汉果最适温度为25℃左右，当气温低于15℃时，植株停止生长。罗汉果为雌雄异株植物，而花粉有黏性，难以借风媒、虫媒传粉，必须进行人工授粉，才能结果。生长2年以上的植株藤茎可以开花结果。主产于广西、广东、贵州等地。

二、栽培技术

1. **繁殖方法** 以种子繁殖和压蔓繁殖为主，亦可扦插繁殖。

（1）种子繁殖 9～10月，当果皮由嫩绿变成青色时采集果实，放置后熟15天左右，待果皮变为黄色后，切开果实，取出种子并晾干，用沙藏法处理种子。第二年3～4月播种。分直播与育苗移栽两种方式。直播法按行距2米、株距1.5米穴播，约20天出苗。育苗移栽法按行距20厘米开沟条播，覆土2厘米，培育1年后，挖出粗壮地下块茎定植。

罗汉果

1. 果枝 2. 花萼

3. 果实 4. 种子

（2）压蔓繁殖 在秋季选择1～2年生植株上生长粗壮、节间长、叶片小，下垂而未结果的徒长蔓作压条材料。在秋分前后，温度在25℃左右的阴雨天就地压蔓。10天左右生根，1个月后地下块茎逐渐膨大，当茎蔓枯萎时，将块茎挖出窖藏，次年春挖出定植。

（3）扦插繁殖 在6～9月采用半木质化的侧蔓剪成20厘米长的插条，每30～50根捆把，将下端近节处放入生根粉液中浸泡1分钟，按行距20厘米、株距10厘米扦插，适当遮阴，40天左右生根，翌年春季定植。

2. **定植** 按行距2米、株距1.5米、深0.3米挖穴，施入些农家肥，将小块茎2～3个栽入穴中，盖土5厘米左右。定株时，每100株雌株应配置3～5株雄株，以利授粉。

3. **搭棚** 罗汉果为攀援草本植物，定植后应搭高1.7米的棚，每株旁插一竹竿，以利茎蔓攀援到棚架上。

4. **中耕除草及追肥** 要经常除草、松土。同时，每年应追肥4~5次，以农家肥为主。

5. **人工授粉** 开花季节，将开放的雄花摘下，用竹签刮取雄花粉，然后用毛笔蘸雄花粉轻轻地抹到雌花柱头上。授粉时间以上午7~10时为好，当天采集的花粉应当天使用。

6. **越冬防寒** 罗汉果在低于15℃的情况下停止生长，地上茎叶逐渐枯萎。立冬以后，在根部培土20厘米左右，上盖稻草，以防霜冻。第二年清明前后，除去覆盖物及培土。

7. **病虫害防治** 罗汉果受根际线虫病为害严重，防治此病需要选择无毒、无病的块茎进行种植，并采用轮作的栽培方式。

第九节 砂仁栽培技术

一、概述

砂仁别名阳春砂仁，为姜科植物，以果实或种子入药，有温脾健胃、消食安胎的作用，主产于广东省及广西壮族自治区，云南、福建也有栽培。喜高温，但遇短暂的低温及偶尔的短期霜冻仍能越冬生长，花期气温在22~25℃以上时才有利于授粉结实，若低于20℃则花朵不张或虽开放，但不散粉而干枯。春季气温低时，花芽分化显著推迟，遇连绵阴雨及低温则烂花严重。喜湿怕旱，需要一定的荫

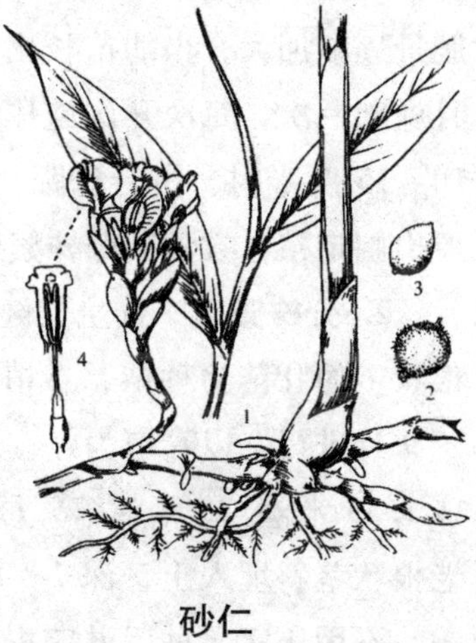

砂仁

1. 花枝 2. 幼果 3. 果实

4. 示雄蕊和雌蕊

蔽环境，土壤以富含腐殖质、中性或微酸性、疏松的黑色沙质壤土为佳。遇沙土或瘦薄的土壤，植株生长瘦弱，产量低，寿命短。

二、栽培技术

有种子繁殖和分株繁殖两种繁殖方法。

1. **种子繁殖** 选择红褐色、粒大饱满的成熟鲜果留种，将鲜果日晒1～2次，晒果温度保持在35～40℃，再放在室内沤3～4天，捏破种皮，洗净种子，晾干待播。不能日晒，播种期分秋播和春播。秋播在8～9月，春播在3月进行，通常以秋播为主。种子新鲜，气温较高，出苗率高。选背阴湿润、肥沃疏松，排水良好的土壤做畦，畦高10厘米，宽1.0～1.3米，播前施足基肥，深耕细耙，平整畦面，按10厘米行距开沟点播，播深1～1.5厘米，播后20天出苗，出苗率可达60%～70%，每667平方米播种量3～3.5千克，每千克种子可育出供大田种植2.67公顷的种苗，苗期施肥宜勤施薄施，用肥量逐渐加大，当幼苗长出2片真叶后开始施肥，以后每半月或每月施肥一次，每次开沟施尿素2～3千克，至幼苗长出10片叶、高10～15厘米时，按行株距20厘米×20厘米移植，苗高50厘米以上便出圃定植，方法同分株繁殖。

2. **分株繁殖** 选生长健壮、开花结果多的株，截取带1～2个嫩根状茎的壮苗为种苗，春植或秋植，春植在3月底至4月初，秋植于9月进行，以春植为好，选择阴雨天，按行株距67厘米×67厘米或1.33米×1.33米栽植，每667平方米用苗400～1500株，种时将老根状茎斜埋入土，深7～10厘米，压实，而嫩的根状茎用松土覆盖，不用压实，种后淋定根水及用草覆盖地面，天气干旱应及时淋水以保成活。

对新种植的春砂仁要促使分株繁殖，生长健壮，除施磷、钾肥外，适当增加氮肥，从2月至10月施肥3～4次，施以灰粪、绿肥、厩肥、化肥等，化肥宜在雨季时混细土撒施，每667平方米2.5～5千克。待植株开花结果时，每年施肥2～3次，第一次在2月，主要施磷、钾肥及适量氮肥，每667平方米施用拌土沤过的磷酸二铵10千克，尿素1.5～2.5千克，第二次在秋季采果后，每667平方米施堆肥及熏土750～1000千克或绿肥1500～2000千克，尿素5千克，以利恢复群体生长势，为花芽分化创造条件，第三次在11月，每667平方米施牛粪或熏土1000千克，以防寒保暖。春砂仁喜湿怕旱，根系浅，要经常保持土壤湿润，定植后第三年的秋季要求水分较多，以促进生长。冬春花芽分化期要求水分较少，在花果期要求空气相对湿度90%以上，但雨水过多易造成烂花烂果。

春砂仁自然结实率低，一般为5%～8%，低者仅1%～2%，故在自然环境较差的地方可进行人工辅助授粉。人工授粉分抹粉法和推拉法两种：抹粉法是用一个小竹片将雄蕊挑起，用食指或拇指将雄蕊上的花粉抹到柱头上，再往下斜擦，使大量花粉塞进柱头孔上；推拉法是用中指和拇指横向夹住唇瓣和雄蕊，进行反复推拉，使大量花粉塞进柱头孔。

第十节　酸枣栽培技术

一、概述

酸枣别名山枣、棘，为鼠李科植物，以种仁入药，有补肝胆、宁心敛汗的作用，主产于河北、河南、陕西、辽宁等地，喜温暖干燥的环境，低洼水涝地不宜栽培，对土质要求不严，播后一般3年结果。

二、栽培技术

1. **种子繁育**　种子繁育可先行育苗再去定植，此法适合大面积

酸枣

栽培。春播解冻后，秋播10月下旬进行，春季播种种子须经冷冻处理后再播。播种前翻地30厘米左右，做垄或1米宽的畦，按33～60厘米的行距或垄距开沟条播，覆土3厘米，育苗，1～2年定植于大田，可按行距1～1.65米、株距0.67～1米，挖33厘米深的穴栽苗，第一次培土一半深，边踩边提苗，再继续填土踏实、浇水。因为酸枣植株有刺，不便于栽植，可以直播，在春、秋两季进行。

2. 分株繁殖法 可用分株繁殖法，即将酸枣老株根部发出的新株连根劈下栽植，按前定植法进行。

育苗期要注意间除病弱及过密的苗，及时除草，苗高7～10厘米时，每667平方米追施硫酸铵15千克，苗高33厘米时每667平方米追施过磷酸钙12.5～15千克，定植后每年剪针刺一次，以防风吹枝条摇动碰伤果实。

第十一节 白花菜栽培技术

一、概述

白花菜别名羊角菜，为白花菜科植物，以种子入药，有通血脉、消肿止痛的作用，全草可散寒止痛。分布于我国河北、河南、安徽、江苏、广西、台湾、云南、贵州等省自治区。喜温暖潮湿环境，对肥水要求较高，幼苗期若缺肥缺水生长瘦弱，即使后期精细管理，也不易恢复正常。对土壤要求不严，以酸性至微酸性的黏壤土、壤土或沙质壤土生长最好，砾土及盐碱土不宜栽种。

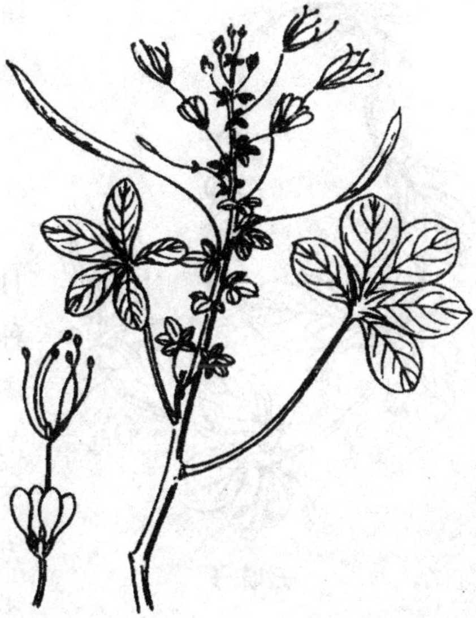

白花菜

二、栽培技术

北方于4月下旬至5月上旬播种，不宜移苗，一般用直播，多用条播，行距约50厘米，划沟深度1~1.5厘米；种子均匀播入后覆土，稍镇压，然后浇水，小面积栽培可用穴播，播种后1周左右出苗，如7~8天后尚未出苗则应进行补种。

幼苗有2~3片真叶间苗一次，播种半月后，按株距33厘米定苗，如定苗过晚，幼苗细弱，影响后期发育，在苗高20厘米及30厘米时，分别培土一次，以免被风吹倒，花穗抽出后不再中耕。为了提高种子产量，现蕾期应进行追肥，每667平方米追施饼肥40~50千克，结合中耕除草，将肥料施入土中。

第十二节 五味子栽培技术

一、概述

五味子为木兰科植物，以果实入药，有敛肺、滋肾、止汗、止泻、涩精作用，主产于东北及河北、山西、山东、湖北等地，喜湿润的环境，但不耐低洼水渍，耐寒，需适度荫蔽，幼苗期尤忌烈日

五味子

1. 花枝 2. 果序

照射，喜腐殖质土或疏松肥沃的土壤。

二、栽培技术

五味子主要用种子繁殖，8～9月将果实采下后，去掉果肉，洗出种子。直接播干种子不出苗，因种皮坚硬，光滑有油层，不透水，播前需进行种子处理方可出苗。通常于早春或晚秋育苗条播，每667平方米用种5千克左右，覆土2～3厘米，浇透水，并盖草，保持土壤湿润，出苗后撤去盖草，搭架遮阴，保持少量阳光。第二年或第三年早春即可定植。山楂是五味子的一种理想天然支架，可按行株距3米×3米规格先栽上山楂树苗，然后在每棵树下栽2株五味子苗，距离树蔸67厘米左右，一边栽1株。若用人工支架，可按大行距1米、小行距67厘米、株距50厘米的规格栽植五味子苗，行向南北向，以利通风透光。五味子是喜肥植物，定植时要施足基肥，先挖深宽各约33厘米的穴，将肥料和土混合填入穴内，栽苗时要使根系伸展，有利于成活和生长，栽后踏实灌水。幼苗期间生长缓慢，注意锄草和松土，适当浇水，第二年以后立支架供其攀援，使通风透光，促进生长。除施足基肥外，每年春季进行追肥，每667平方米施厩肥或堆肥1500～2500千克，磷酸二铵15～20千克。生长期间还要注意剪枝，每年冬季植株休眠以后，春季萌发前为修剪季节。

第十三节 决明子栽培技术

一、概述

决明子别名草决明、马蹄决明，为豆科植物，以种子入药，有清肝、明目、润肠的作用，分布较广，主产于贵州、广西、安徽、四川、浙江、广东等省、自治区，北方各地也有种植。决明子喜温暖湿润的气候，不耐寒，怕冻害，故北方栽培宜选早熟品种。对土质要求不严，但以排水良好、土层深厚、疏松、肥沃的沙质壤土为宜。

二、栽培技术

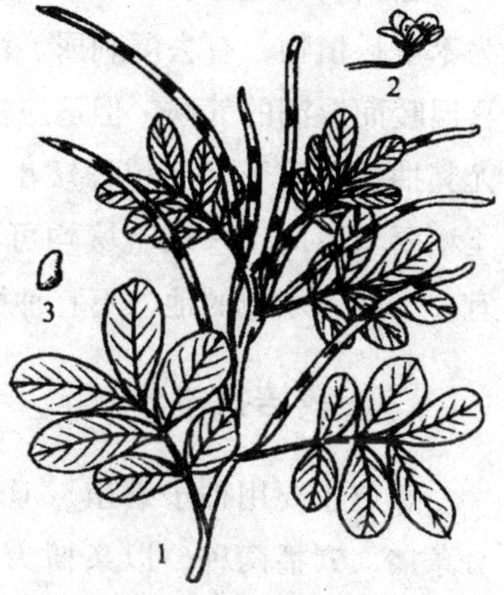

决明子

1. 果枝 2. 花 3. 种子

用种子繁殖，选籽粒饱满的种子，用50℃的温水浸种一昼夜，使其吸水膨胀后，捞出晒干表面，即可播种，或用干籽播种，但不如浸种的出苗快。北方春天旱，必须灌水后播种，避免播后再浇水，以免土表层板结，影响出苗，播种期以4月中旬为宜，过早播种，因地温低，浸泡过的种子易在土中腐烂，过晚播种种子不成熟，产量低，品质差。因此，适时播种是很重要的措施。播种以条播为宜，行距50厘米，开2～3厘米深的沟，将种子均匀撒入沟内，然后覆土3厘米，稍加镇压，播后10天左右出苗。

苗高5～7厘米时，进行间苗，将弱苗或过密的苗拔去，苗高

10～15厘米时，结合松土除草，按株距33厘米左右定苗，如遇干旱，适当浇水。待植株封垄前，每667平方米施硫酸铵7.5千克加过磷酸钙15千克。

决明子种植中应注意防止灰斑病发生，应于发病前或初期喷50%多菌灵800～1000倍液或50%甲基托布津1000倍液。

第十四节　薏苡栽培技术

一、概述

薏苡别名薏苡仁、苡米、薏仁米、沟子米、六谷子、菩提珠，为禾本科植物，有去湿利尿、清热排毒的作用，全国各地均有栽培，喜温暖而湿润的气候，但适应性很强，南北各地均可种植。怕干旱，尤其抽穗期受干旱后植株矮小，结实少而且不饱满，影响产量。对土壤要求不严，一般土壤均可种植，但以向阳、肥沃的沙质壤土为宜，干旱无水源的地方不宜种植。

二、栽培技术

薏苡主要用种子繁殖，但在温暖地区也可用分株法繁殖。播种分条播、穴播两种，以条播为主。播期在4月下旬，不能过迟，尤其是北方，过迟秋后不能成熟，影响产量。在准备好的土地上，按50～60厘米的行距，开5～7厘米深的沟，将种子均匀撒入沟内，覆土3～4厘米后镇压，播种时若土壤干旱，要先灌水后播种，避免播种后浇水，造成土壤板结，影响出苗，每667平方米播种量2.5千克左右。穴播按行距40厘米、穴距20～25厘米，开3～4厘米深的穴，每穴放种子3～4粒，覆土后踏实，播后10～15天出苗。

苗高7～10厘米时，结合松土除草进行间苗、定苗，条播的按株距20～25厘米定苗，穴播的每穴留2～3株，在苗期要勤松土除草，苗高30厘米时，每667平方米追施尿素15千克加磷酸二铵20千克，把肥料混合均匀撒在距植株7～10厘米处，结合中耕培土，把肥料埋入土中，通过向根部培土，变成高垄，既防止倒伏又便于以后浇水，封垄后不宜再松土除草，开花前，用2%过磷酸钙溶液施一次根外追肥，可促进开花结果，使籽粒饱满，提高产量，也可施一次人粪尿。在拔节、抽穗、开花期需要有充足的水分，若气候干旱需及时浇水，尤其在抽穗前后，如缺水，会造成穗小、结籽少。因此，必须浇两次大水，不然即使后期水分充足也会影响产量。若水过大，应及时排水，勿使地内积水。

薏苡

1. 植株 2. 雌小穗 3. 种仁

薏苡为单性花，是雌雄同株，借风媒传授花粉，如花期雄花少或无风，雌穗未全部授粉易出现空壳，为提高产量，在花期可每3～4天，在行间顺行用绳子震动植株上部，进行人工授粉，使花粉飞扬，便于传粉，提高结实率。

第十五节　枸杞栽培技术

一、概述

枸杞别名茨果子、明目子，为茄科植物，以果实入药，有补肾强腰膝、滋肝明目等作用。主产于宁夏、甘肃、青海、新疆、山东、山西、河南等省、自治区，适应性强，耐寒，对土壤要求不严，耐碱、耐肥、抗旱、怕渍水。

枸杞

1. 果枝　2. 花

二、栽培技术

用种子、扦插和分株繁殖。种子繁殖，用水把干果泡软后，洗出种子，晒干利用。播种期西北和东北地区多在5月上旬，山东分春播和夏播。播种前用40℃温水浸种一昼夜，可促进出苗快而整齐，播种时，开浅沟条播，沟深1～2厘米，沟距30厘米，种子掺些沙混匀，撒入沟内，覆土1.5～2厘米，轻踏后浇水，每667平方米播种量0.5～1.5千克。7月以前灌水，可加速幼苗生长。为了加速幼苗生长，可以适当追肥，追肥时间宜在7月以前，可分两次施入，每次每667平方米用尿素5～7.5千克，施肥后立即灌水。扦插繁殖，多于春季树液流动后，取1年生的徒长枝，截成10厘米长的短枝，上端剪成平口，下端削成楔形，按行株距33厘米×15厘米斜插入苗床内，保持土壤湿润，成活率达95%以上。

分株繁殖，直接挖取枸杞根部萌发的小植株移栽即可。

春季解冻后，枸杞萌芽前定植最好，按行株距（2～2.5）米×2米挖宽、深各30厘米的穴，每穴施入腐熟的有机肥与表土混匀，把苗栽放入穴内，使根部舒展，先填表土，后填新土，埋土至半穴时，将苗轻轻向上提一下，使根部舒展，分层踏实，并立即浇水。

每年进行两次翻园晒土，以增强土壤通透性，促进根系发育。第一次在初春解冻后，浅挖10厘米，第二次在灌冻水前，深翻20厘米。此外，生长期注意中耕除草、追肥灌水，中耕深度为7～10厘米，10月下旬至11月中旬施一次有机肥，秋季时再施一次，开春后必须灌头水，地冻前灌地冻水。

第十六节 沙苑子栽培技术

一、概述

沙苑子别名白蒺藜、扁茎黄芪、沙苑蒺藜，为豆科植物，以种子入药，有补肝肾、固精、明目的作用，分布于吉林、辽宁、河北、山西、内蒙古、陕西、甘肃、宁夏等省、自治区，适应性强，喜温暖通风透光的环境，能耐寒、耐旱，但怕涝，对土壤要求不严，一般沙质壤土、壤土、黏壤土均可栽培，忌连作，前作以玉米为好。

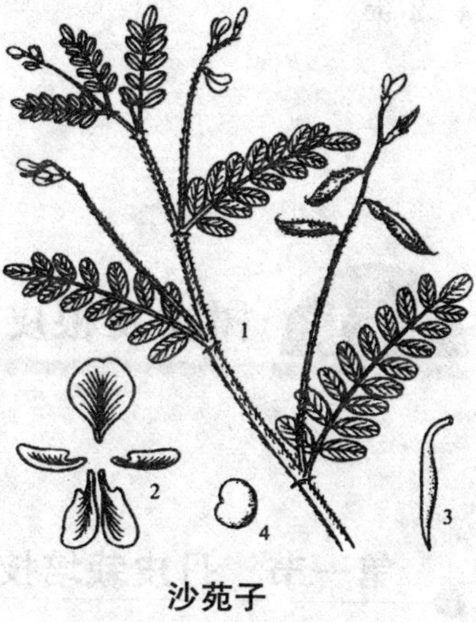

沙苑子

1. 植株上部 2. 花冠解剖，示旗瓣、翼瓣、龙骨瓣 3. 子房 4. 种子

二、栽培技术

沙苑子用种子繁殖，于秋季 8 月或春季 4 月播种。条播，按行距 33 厘米，顺畦挖 2 ~ 3 厘米深的小沟，将种子均匀播入沟内，覆土 2 厘米，播后稍加镇压，然后浇水，每 667 平方米播种量 1 ~ 1.5 千克，在 11 ~ 17℃的温度下约 2 周开始出苗。

当苗高 7 ~ 10 厘米时，按株距 10 ~ 13 厘米定植，留壮苗 2 ~ 3 株，随即扶苗培土。出苗前适当的灌水以利出苗，出苗后勿使水分过多，以免徒长影响产量，雨季注意排水，在生长期间和孕蕾期间，结合松土除草并追施人粪尿或尿素 2 次，每年在植株未返青时，每 667 平方米施厩肥 3000 ~ 4000 千克，在地化冻前将大块厩肥砸碎，使粪与土混合，盖于地面，促进植物返青生长。北方地区于地冻前浇冻水，以后每年收获后，都要中耕除草，追肥过冬，可连续收获 3 ~ 4 年。

第五章 树皮及根皮类中草药

第一节 丹皮栽培技术

一、概述

丹皮为牡丹的根皮，别名粉丹皮，牡丹为毛茛科植物。丹皮有清热凉血、散瘀通经的作用，主产于安徽、山东、河北、河南、四川、甘肃、陕西、湖北、湖南等省。喜温和气候，较耐寒，耐旱，怕高温、酷日烈风和积水涝渍。由于根深，宜种在土层深厚、排水良好、土质疏松肥沃的沙质壤土或粉沙土，盐碱地不宜栽种。

二、栽培技术

牡丹品种较多，由于品种和栽培目的不同，繁殖方法也不一样，分有性（种子）繁殖和无性（分株、嫁接、扦插）繁殖。

1. **种子繁殖** 7 月底 8 月初种子陆续成熟，分批采收，果实呈蟹黄色时摘下，放室内阴凉潮湿地上，使种子在壳内后熟。经常翻动，以免发热，待大部分果实开裂，种子脱出，即可进行播种，或在湿沙中贮藏，晒干的种子不易发芽。选粒大饱满者作种子，安徽在 8 月上旬至 10 月下旬播种，山东 8 月下旬至 9 月上旬播种，不可晚于 9 月下旬，过晚当年发根少而短，第二年出苗率低，生长差。播种前，施足基肥，山东每 667 平方米施干粪或厩肥 5000 千克以上。将土地深耕细耙，做成 1.33 ~ 1.65 米宽的平畦，或高 16.5 ~ 20 厘米的小高畦，畦间距离 33 厘米，选当年采收的新鲜种子，用湿草木灰拌后播下，条播或撒播，条播行距 6.7 ~ 10 厘米，沟深 3 ~ 4 厘米，将种子每隔 2 ~ 3 厘米 1 粒均匀播于沟内，然后覆土盖平，稍加镇压，每 667 平方米用种量 25 ~ 35 千克，撒播

牡丹

1. 花枝 2. 根皮

时先将畦面表土扒去3~4厘米，再将种子均匀地撒入畦面，然后用湿土覆盖3~4厘米，稍加镇压，每667平方米用种量约50千克。为了防止冬季干旱，可在覆土后，用高粱秆顺畦放2根作标记，在上面再加覆土6.7厘米厚，或盖2~3厘米厚的牛马粪或厩肥。安徽省铜陵县多选荒地育苗，做1.32~1.65米宽高畦，以20~30厘米穴距挖穴，穴深20厘米、宽15~20厘米，穴底平如碟子，穴内施入粪稀水或饼肥碎末，上盖一层土，每穴均匀播下20~40粒种子，覆土3~4厘米厚，畦面再盖层茅草，以防寒保湿。

翌年早春，扒去保墒土、牛马粪和茅草，幼苗出土前浇一次水，以后若遇干旱亦需浇水。雨季排除积水，并经常松土除草，松土宜浅。出苗后于春季及夏季各追肥一次，追腐熟的饼肥或人粪尿，并注意防治苗期病虫害，管理好的小苗，当年秋季（9月间）可行移栽，春栽不易成活。生长不良的小苗须2年后移栽，移栽地须施足底肥，按行株距50厘米×（33~50）厘米刨坑，深25~30厘米，每坑栽大苗1株或小苗2株，填土时注意使根伸直，填一半时将苗轻轻往上提一下，使根舒展不弯曲，顶芽低于地面2厘米左右，将周围泥土压实，并在芽顶上培土7~10厘米，使成小堆，以防寒越冬。

2. **分株繁殖**　于9月下旬至10月上旬收获丹皮时，将刨出的根，大的切下作药，选部分生长健壮无病虫害的中小根，根据其生长情况，从根状茎处劈开，分成数棵，每棵留芽2~3个。在整好的土地上，按行株距67厘米×67厘米刨坑，坑深33厘米左右，坑径20~25厘米，栽法同小苗移栽，并用土将保留的枝条埋住，最后封土成堆，高15厘米左右。天旱时，栽后半月浇水，不宜立即浇水，嫁接、扦插繁殖，多用于观赏牡丹品种，药用牡丹不用此法繁殖。

生长期中经常松土除草，每年7~10次。牡丹喜肥，除施足底肥外，每年春秋季各追肥一次，每次每667平方米可施土杂肥2500~3000千克或粪土1000~1500千克，也可施饼肥150~250千克，在行间开15厘米左右深沟，将肥料撒在沟内，松土盖好，如天旱施肥后浇水一次，浇水应在傍晚进行，雨季注意及时排除积水，每年春季现蕾后，除留种子者外，及时摘除花蕾，使养分留作根系生长发育，秋后封冻前可培土15厘米左右。

第二节　杜仲栽培技术

一、概述

杜仲别名丝绵皮、玉丝皮、丝连皮，为杜仲科植物，以树皮入药。有补肝肾、强筋骨、安胎、降压等作用，主产于四川、贵州、云南、陕西、湖北、河南等省，此外，河北、江西、甘肃、湖南、广西、广东、浙江等省、自治区也产，杜仲对气候和土壤要求不严，抗寒能力较强，中性、微酸性和微碱性的沙质壤土或黏壤土均可栽种，但适于生长在土层深厚、疏松肥沃、排水良好的壤土中。土壤过黏、过湿或过于贫瘠均生长不良，也可利用零星土地栽植。

二、栽培技术

用种子繁殖或育苗移栽，由于杜仲果皮含有胶质，妨碍种子吸水，若种子不经处理，发芽率低，为使果皮软化，提高发芽率，宜采用湿沙处理。将清洁湿润的河沙与杜仲果实混合存放于木箱里，如数量多可采取露地挖坑、湿沙层积，经常保持沙子湿度（手捏成团而又不滴水），干湿过度均不利。用此法处理的种子，经过15～20天开始萌芽，即可播种。若播期已到，多数种子仍未露出白点，可用20℃的温水浸种36小时，每隔12小时换水一次，随时搅拌，浸后捞出，晾干，第二天即可播种。播种期浙江在11～12月，北京多在4月中下旬，按行距25厘米开沟，沟深2～3厘米，将种子均匀

杜仲

撒入沟内，覆细土 2 厘米，浇水，播后畦面盖草，播种量每 667 平方米 3.5 ~6 千克。

播后保持土壤湿润，待苗出齐后，将覆盖物逐渐去掉，幼苗期间要经常松土除草和浇水，苗高 10 厘米许，可行间苗，将弱苗、病苗拔去，为使幼苗生长得迅速健壮，苗期追肥 3 次，第一次在苗高 10 ~15 厘米时，第二次在 6 月，第三次在 8 月，每次施肥结合松土除草，每 667 平方米用尿素 3 ~4 千克，人粪尿 1000 千克。当年冬季或翌春树叶未开放之前，苗高 1 米以上定植，苗小可留在苗床里，再培育 1 年。定植后按行株距 2 米×1.33 米挖穴，每穴施以底肥，将苗栽入穴内，使根舒展，栽后踏实周围土，每年冬季可适当的将侧枝及根部幼芽剪去，使主干生长健壮。

成株每年春季结合松土除草，每 667 平方米追施圈肥 1000 ~1500 千克，南方多用人粪尿 2500 千克左右，适当的加磷酸二铵及 15 ~25 千克的草木灰。北方引种，幼苗冬季需要保护防寒，是引种成功的关键，在沈阳，1 ~3 年生苗冬季上冻前根部培土，植株用稻草包扎，防止冻害。

第三节 肉桂栽培技术

一、概述

肉桂别名玉桂、桂树、桂皮，本种为樟科植物，以干燥树皮（称桂皮）、树枝（称桂枝）和幼果（称桂子）入药。桂皮有温肾补阳、散寒止痛的作用，桂枝有发散风寒的作用，桂子有温中散寒的作用，喜温暖湿润的气候，能耐-20℃的短期低温，生长和开花结果正常。属半阴性树种，常野生在疏林中。幼苗喜阴，忌烈日直射，高2米的幼树能耐受较多的光照，成龄树在阳光充足的条件下生长，桂皮油分足，质量佳。在黄泥土上生长的桂皮质软，有油分，质优。沙砾土上生长的桂皮质硬，又称沙底桂，质差。

肉桂

1. 果枝 2. 桂皮药材

二、栽培技术

1. **繁殖** 以种子繁殖为主，亦可用压条（高压）和扦插繁殖。

（1）种子繁殖 桂树通常种植6～8年后开花结果，选10～15年生以上的母株留种，需选味甜辣、气香浓、皮厚、健壮的母株留种，当果实变紫黑色、果肉变软时，及时采收，随熟随采。采后除去果皮，洗净果肉，摊放在室内阴干。肉桂种壳薄，极易干缩，故阴干不宜过久，更不能日晒，因种仁含油分高，容易变质，最好随采随播。如不能及时播种，可用有潮气的细沙贮藏或堆积于室内阴凉处，并注意防鼠。在2~3月，气温20~30℃时，贮放1个月，便现芽点，如气温低，细沙较干时，贮藏时间可以延长。

为加速种子发芽、出苗整齐和管理方便，可催芽后播种，方法是用清洁的干细沙5千克，加水1.5千克，用手捏沙不滴水亦不松散为宜，种子与湿沙比例为1∶3~1∶4，混匀，放入盆中，底垫2~3厘米厚的细沙，再放入混有湿沙的种子，上盖沙2厘米，加盖，放在室内或室外阳光下。一般经9~11天种子开始萌芽，如种子量多时，宜选地势高、向阳、排水良好的地方挖坑，坑的大小视种子量而定，将湿沙和种子混合后倒入坑内，厚不超过15厘米，盖沙后覆盖，经常保湿。约15天陆续发芽，当种子出现芽点时即可播种，如发芽过长，不但操作不便，且易伤害幼芽，降低出苗率。育苗宜选近水源、荫蔽、排水良好的肥沃疏松土壤，并开好排水沟，耕翻整地做高畦，施足基肥。条播，行距20厘米，种间距约5厘米，播深2厘米，覆土、盖草、浇水。每667平方米播种25~30千克，在3~4月气温23~24℃时，经8~10天出苗，若不经催芽处理，出苗一般需25~30天，出苗率90%。出苗后将盖草拨向行间，如育苗地无荫蔽条件，需搭设阴棚，荫蔽度50%~60%。

当幼苗长至7~10厘米时，间苗移植。因幼苗主根长，幼苗过大移植易伤根。行株距以20厘米×15厘米为宜，每667平方米幼苗约可供移植0.33公顷大田，每667平方米育苗1万余株，可供造纯桂林5.33~6.67公顷。幼苗喜荫蔽，日晒生长缓慢，叶色黄绿，枯斑多。有荫蔽的幼苗，生长快，叶色浓绿肥大，随幼苗长大，行间郁闭，荫蔽度可逐渐减小，幼苗移植后20天可施稀人尿或尿素，以后每半月或每月施肥一次，半年后每隔2~3个月施肥一次，并在株间撒一层熏土或堆肥。要及时除草、松土，适当修去下部侧枝及叶片，有利通风，提早行间郁闭，提高耐旱和耐阳光能力。

（2）高压繁殖　在3～4月新梢尚未长出、树干营养较集中时，结合修枝整形，选过密及有碍田间管理的、直径1～1.5厘米的下部侧枝，距树干10～15厘米处，用芽接刀环状剥皮2～4厘米长（长度视枝条粗细而异），切口要整齐干净，勿过深伤及木质部而折断，切口的皮层不要破裂或松脱而影响发根，用刀轻轻刮去切口段的残留皮层，用湿椰糠敷于切口，要紧贴不漏空隙，稍用力从两端向中间挤压，用塑料薄膜包扎，两头绑紧，包裹物的多少，看枝条粗细而定，由于塑料薄膜保水力强，水滴反复流回椰糠内，除天气特别干旱外，一般不用浇水，亦可用稻草拌塘泥或黄泥加羊骨粉拌和作敷料，用布料包扎，由于水分容易蒸发，须定期检查淋水。一般以采用塑料薄膜包裹为佳，在3～4月，处理后10～15天切口愈合，30～40天即露新根，生根率可达80%以上，待新根长满椰糠时，即可移植，贴枝平齐锯下，除去塑料薄膜，栽植在苗床上或盛有营养土的小竹箩内，四周泥土要压实，浇水，成排放置荫蔽处，经常施肥、淋水、除草、松土及防虫。

（3）扦插繁殖　扦插时期与高压繁殖法同。为充分利用繁殖材料，粗枝可行高压法繁殖，细枝可用扦插法繁殖。选无病虫害、组织充实的青褐色细枝，粗0.4～1厘米，剪取15～18厘米长一段，具2～3个节的插条，将梢尖幼嫩部分剪去，上端截口靠节上部1～2厘米处剪成平口，下截口紧靠节的下面或离节0.5厘米处截成楔尖形，近节截取较易生根，剪口要平滑，皮层与木质部不要松动脱出。剪好的插条放在阴凉处，暂时浸于清水中或用湿草、湿布敷盖，以免切口干燥影响生根。如若次日再行扦插，则应埋入湿沙中，用时取出。扦床用清洁的细沙铺30厘米厚，按行株距15厘米×16厘米斜插，插入1/2，上切口与沙面平贴，稍压插条附近的沙，扒平沙面，浇水至湿透为止，经常保持湿润和荫蔽。插条最忌干燥，如上面盖上塑料薄膜，既保温也保湿，成活率高，在春季40～50天即生根，当插条生根较多时应行移栽，方法与压条苗同。

2. **定植** 苗高0.5～1米时即可定植。定植期随各地气候而定，海南宜秋植，往后气候逐渐下降，蒸发量减少，地温高，时有小雨，利于苗木萌发新根，提高成活率，西双版纳于6～7月雨季初定植。当年生长季节较长，幼苗扎根较好，有利于度过冬春的旱季，行株距可为2米×2米，每667平方米栽167株，或3米×3米，每667平方米栽74株，亦可2米×3米。山区可密，平原宜稀，易受风害地区宜密，可采用（2～3）米×2米的宽窄行种植，以利抗风，留种地宜稀，一般株距不应少于2米。

定植后2～3个月内必须定期淋水，保证幼树成活，以后浇水可结合施肥进行，每年施肥3次，第一次在春季2～3月抽芽现蕾前，施促芽催花肥，以氮肥为主，可用1：8的稀尿水或每25千克水加尿素50～100克施下，施用饼肥亦可。第二次施肥在7～8月青果期，以氮、磷肥为主，施以熏土、磷酸二铵及人粪尿，也可用有机肥40～50千克加过磷酸钙250～500克掺混沤熟，每株施5～10千克。第三次施肥在11～12月施养果和过冬肥，施有机肥及磷、钾肥，可用每50千克厩肥加1.5～2.5千克磷矿粉，经沤1个月，每株施10～15千克，另施草木灰或氯化钾，每株50～150克，水肥及速效肥可松土后开浅沟浇入或撒入，有机肥及磷肥开15厘米深的环状沟施入，施后覆土。肥料施于齐树冠外缘，量随树龄而增加，干肥施后无雨时要浇水，每年修枝1～2次，把靠近地面的侧枝、多余的萌蘖剪去，使茎干直而粗壮。采果后，成龄树的病虫枝、弱枝、过密的侧枝，亦需修剪，使通风透气透光，如要进行高压或扦插繁殖，修剪时适当留下繁殖用的侧枝。

第四节 厚朴栽培技术

一、概述

厚朴为木兰科植物，以干燥的树皮及根皮入药，有温中理气、燥湿消积的作用。厚朴分为川朴和凹叶厚朴。川朴主产于四川、湖北等省，陕西、甘肃等省也有分布。凹叶厚朴分布于浙江、江苏、福建、江西、安徽、湖南等省，有野生和栽培种。厚朴喜凉爽湿润的气候，高温不利于生长发育，且多病害，故多栽种于海拔800～1700米的山区，幼苗期喜半阴的环境，成年树喜阳光，土壤以疏松肥沃富含腐殖质的中性至微酸性的夹沙土为好，黏重、排水不良的土壤不宜栽种。

二、栽培技术

以种子繁殖为主，也可用压条繁殖。种子繁殖，选健壮母树，在10月，当果鳞露出红色种子，将果实采下，选果大、种子饱满、无病虫害的作种。由于种子外皮含蜡质，水分较难渗入，播后不易发芽，浙江省等地多进行脱脂处理。即将种子放于冷水中浸泡1～2天，捞出放在竹箩里，置于浅水里，用脚在箩中踩擦，一边踩擦，一边洗去油蜡物，除净后，将种子放在温水中洗净，捞出晾干以备播种。四川省等地在收获种子时立即用粗沙混合，多次揉搓，除去蜡质。如种子外运，不宜脱蜡，以免降低发芽能力。

育苗地选向阳高燥、微酸性而肥沃的沙质壤土，其次为黄壤土或轻黏土，忌积水和黏重的土壤，先做1～1.65米宽的苗床，施足底肥，条播，在畦面按25厘米行距横开浅沟，深约3厘米，每隔7～10厘米播种1粒，浙江在10～12月立冬前后为好，四川一般在2

厚朴

1. 厚朴　2. 厚朴药材

月下旬播种，经试验证明，用新采的种子及时冬播，出苗率高，播后盖细土3厘米左右，再盖薄层稻草、幼苗出土后，立即揭去盖草或除草，苗高7～10厘米时，可施淡人粪尿或硫酸铵催苗，干旱时浇水，雨季注意排水，以免发生根腐流。

压条，生长10年以上的厚朴树，树干基部常长出枝条，在11月上旬或早春选长67厘米以上的枝条，挖开母树基部的泥土，从枝条与主干连接处的外侧用刀横割一半，握住枝条中下部，向切口相反方向扳压，使树苗从切口裂开，裂口不宜太长（6.7厘米左右），然后在裂缝中放一小石块，并把土堆盖在老树根和枝条周围，高出土面15～20厘米，稍加压紧，施入畜粪，以促进发根生长，到秋季落叶后或第二年早春，把培土挖开，如枝条裂片上长出新根，形成幼株，即可用快刀从幼苗或母树基部连接处切开，即可定植。由上法所得幼苗，在定植时斜栽土中，使基干与地面成40度角，到次年或第三年则可从基部垂直生出许多幼枝来，在枝高33～67厘米时，按上法压条（留一健壮的枝不压），到了当年秋季，幼苗新的根系又已形成，次年春天又可进行分栽；未压的一株，则留着不动，同时将最初斜栽的老株齐地剪去，以促进新株更茁壮成长。还可在采收厚朴时，只砍去树干，不挖树桩，冬季盖土，第二年也可长出小苗，苗高67厘米时，用同样方法进行压条。

厚朴造林一般不施肥，但有条件的地区停止套种后可在春季结合压条，冬季结合培土，在株旁开穴，施入畜粪、堆肥或厩肥，施肥后在根际培土，移栽时如遇干旱，应抗旱保苗，确保成活。间作耕地时，勿将树根挖断或翻出影响生长，成林前禁止放牧、砍柴、割草等，以免损害苗木。浙江省对于15年生以上、树皮较薄的厚朴，在春季可在树干上用快刀将树皮斜割2刀，使养分积聚，以促进树皮增厚，经过4~5年即可采收。

第六章 全草类中草药

第一节 荆芥栽培技术

一、概述

荆芥别名香荆芥、假苏，为唇形科植物，以带花穗的全草入药。有发表、散风、透疹作用，炒炭有止血作用。主产于江苏、浙江、江西、河北、湖北、湖南等省，多为人工栽培。荆芥适应性强，我国南北各地均可栽培，喜温和湿润气候，对土壤要求不严，以疏松肥沃的沙质土壤生长良好。苗期喜潮湿，怕干旱和积水，遇短期积水也有死亡，忌连作。

二、栽培技术

用种子繁殖，种子通常在头年收获前于田间择株壮、枝繁、穗多、无病虫害的植株，晚收15~20天，等种子充分成熟，籽粒饱满呈深褐色或棕褐色时，再行采收，晾干脱粒，保存于通风干燥处。一般多直播，也有育苗定植，北方春播；南方春播、秋播均可。秋播产量高，一般多在10月下旬进行，由于采收入药部位不同，播种时间也不相同，采收茎叶者在4月上旬播种，采收荆芥穗为主的常于6月中下旬播种。荆芥种子细小，整地要求精耕细耙，施足基肥，畦面表土整细整平。条播，行距25厘米，开浅沟，将种子均匀播入，覆土1~1.5厘米，稍镇压后立即浇水，经常保持土壤潮湿，每667平方米播种量0.5~0.75千克。如育苗定植，应在早春解冻后立即播种，行距可缩小至10~15厘米。当苗高10厘米时，即可种植于小麦、油菜等农作物收获后的地里，这样才能经济利用土地。定植后至成活前，应适当浇水，保持土壤潮湿，以利于植株成活。

荆芥

1. 花枝 2. 各种叶形

3. 花 4. 花萼

苗期应及时浇水，保持表土潮湿。直播地应及时除草和匀苗、补苗。定苗时每隔15~20厘米留苗1丛（3~4株），6~8月间于行间开沟追肥1~2次，每次每667平方米施人粪尿500千克左右或尿素10千克，施后覆盖培土。荆芥常发生根腐病和茎枯病。根腐病防治方法：高畦种植，雨季注意排水，播前用敌百虫粉剂处理土壤；轮作，忌连作；

选择地势干燥、排水良好、疏松的地块种植；增施磷、钾肥，加强田间管理，使植株生长健壮。发病初期喷50%甲基托布津1000倍液或50%多菌灵1000倍液喷雾，每7～10天喷一次，连续喷2～3次。

第二节　石斛栽培技术

一、概述

石斛为兰科植物，以茎入药。有滋阴清热、生津止渴的作用，分布于我国四川、云南、台湾、浙江、广西、贵州等省、自治区。喜阴凉湿润的环境，但水分不宜太多。宜选背阴避光、通风处为好，栽培应选择树皮厚、水分多，树皮多纵裂沟纹的树种贴植，必须经常供给充足的养料以供其生长。

二、栽培技术

1. 贴树法　秋季或早春贴栽，选树干粗、水分较多的阔叶树。选择生长健壮、根多、茎色青绿色的石斛株丛，剪去枯枝、断枝、老茎，将须根切短至1.5厘米长，大石斛分切，每丛留4～5株带叶嫩茎，选树干平处或凹处用刀砍一浅裂口，将石斛株丛基部紧贴在砍口处，用1～3颗竹钉钉牢，若贴栽于树干较凸的部位，则先用刀砍平再钉；也可用竹篾或绳索捆牢，枯朽树枝及树皮处不能贴栽。贴植数量视树干大小及树枝的多少而定。

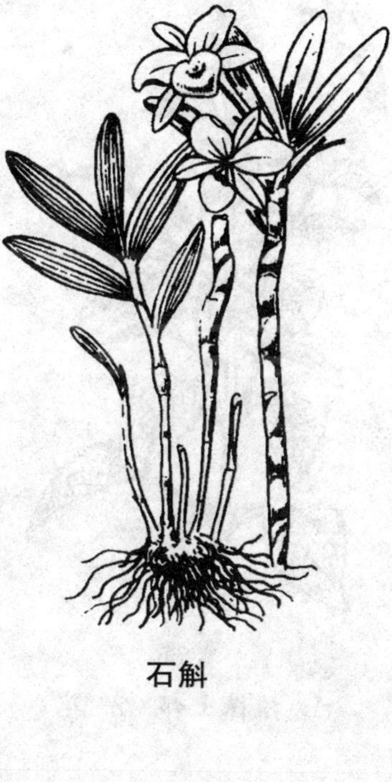

石斛

2. **阴棚栽种法** 选择阴凉潮湿的地方，用砖砌成高15厘米的长方形高畦，以防雨水冲刷，用焦泥炭和细沙拌匀，填入畦内，弄细整平，畦上搭1.5米高的棚，棚南面挂草帘，防日暴晒，然后将石斛用前法分株栽于畦内，盖1～1.5厘米厚细沙。当茎节上萌发新芽及白色气生根后，挖出横排畦上，用小石块压于土面，上盖细土1～1.5厘米，待新株长出7～10厘米高时便可分割移栽。

每年追肥两次，第一次在4月上旬至下旬；第二次在11月上旬，用豆渣、牛粪和泥涂抹在石斛根部及周围树皮上。追肥前要拆掉枯干、断茎或气生根，捡净落在茎间的落叶，修去过密的树枝，使透光适宜。

第三节 藿香栽培技术

藿香
1. 植株上部 2. 花

一、概述

藿香别名合香、土藿香，为唇形科植物，以全草入药，有解暑化湿、行气和胃的作用，我国南北各地均有分布。喜温暖湿润的气候，有一定的耐寒性，对土壤要求不严，一般土壤均可生长，而以沙质壤土为优，在易积水的低洼地种植，根部易腐烂，引起死亡。

二、栽培技术

用种子繁殖，6～7月收藿香时，种子尚未成熟，故收割时预留种子田不收，待种子大部分变成棕色时收割。收割后晒干打落种子，播前每667平方米施圈肥2500千克左右，翻入地里，整地做畦，顺畦按行距25厘米，划1~2厘米深的小沟，将种子均匀撒入沟内，覆土后用脚踩一遍，然后搂平，土壤过干需浇水。四川按行株距各33厘米开穴，穴深2~3厘米，穴大、底平。施用人畜粪水后，每667平方米用种子0.5千克，拌草木灰均匀播入穴内，久晴不雨应及时浇水。北方多春播（4月中旬以后），四川秋播（9~10月），当年出苗，产量较高，春播（3月）时产量较低。

苗高5~7厘米时，条播可按10~13厘米留苗，穴播的每穴留苗3~4株，经常松土锄草，苗高33厘米时培土，结合施肥，以人粪尿或充分腐熟的粪肥为主，也可每667平方米施硫酸铵10~12.5千克，施后浇水，一年施肥2次，第二次在8月中下旬，可按前法施用。

第四节 草麻黄栽培技术

一、概述

草麻黄为麻黄科植物，以全草入药。茎有发汗、平喘、利尿的作用，是提取麻黄碱的原料，根有止汗的作用，多分布于内蒙古、华北、西北等地，性耐寒和干旱，对土壤要求不严，沙质壤土、沙土、壤土均可种植，低洼地和排水不良的黏土则不宜栽培。

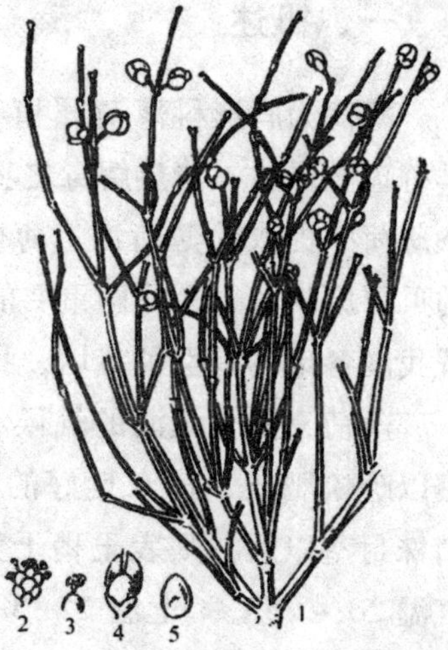

草麻黄

1. 雌株 2. 雄球花 3. 雄花 4. 雌球花 5. 种子

二、栽培技术

用种子和分株繁殖。

（1）种子繁殖　种子繁殖要注意采饱满成熟的种子，条播行距25厘米，覆土1～1.5厘米，出苗前应保持土壤湿润，播种后约15天出苗，出苗后不需间苗，但应注意经常松土除草。

（2）分株繁殖　分株繁殖较为方便，选择高燥的地段，做成平畦，春季在老株还没有发出新芽的时期，将植株挖出，根据株丛大小，每株丛可分成若干株，按行株距33厘米栽植，栽后覆土至根芽，把周围土压实浇水。栽后1～2年即能把地面盖满。

苗期应适当浇水，勿使土壤太干，影响幼苗成活，苗高5～7厘米以后，不宜多浇水，一般在每年早春返青前，每667平方米施厩肥1500～2000千克。田间如有杂草，注意随时拔除。

第五节　薄荷栽培技术

一、概述

薄荷为唇形科薄荷属植物，以全草入药，为我国常用中草药，具有疏散风热、清热解毒之功效。主治头痛感冒、咽喉肿痛等疾病。从薄荷中提取的薄荷油、薄荷脑是医药、食品、饮料、香料等工业的重要原料，也是我国重要的出口物资。主产于我国长江以南地区，现我国各地均有引种栽培，我国的产量居世界首位。

薄荷喜温暖湿润的气候和阳光充足、雨量充沛的环境，栽培土壤以疏松肥沃、排水良好的夹沙土为好，在生长期要求土壤湿润。植株封垄以后，则表土稍干为好，水太多反而影响产量。薄荷适宜气温20～25℃，土温2～3℃时地下茎可发芽，嫩芽能耐-8℃的低温。

二、栽培技术

1. **繁殖方法**　繁殖方法以根茎繁殖为主，也可分株繁殖和扦插繁殖。

（1）根茎繁殖　培育种根：于4月下旬或8月下旬，在田间选择生长健壮、无病虫害的植株作母株，按行株距20厘米×10厘米栽植。在初冬收割地上茎叶后，根茎留在原地作为种栽，每667平方米种栽可供大田移栽0.47～0.53公顷。

移栽：于10月下旬至翌年早春尚未萌发之前进行。但以早春土壤解冻后栽种为好，宜早不宜迟，早栽早发芽，生长期长，产量高。栽时挖起根茎，选色白、粗壮、节间短、无病害的根茎作种栽，将种栽截成7～10厘米的小段，然后在整好的畦面上按行距25厘米，开10厘米深的沟，将种根每隔15厘米（株距），斜摆在沟内，盖细土，踩实，浇水。每667平方米需用种栽100千克左右。也可按行距25厘米、株距15厘米穴栽。

（2）分株繁殖　在谷雨季节以后，薄荷幼苗高15厘米左右，此时应间苗补苗，间出的幼苗可分株移栽。

（3）扦插繁殖　3～6月，将地上茎枝切成10厘米长的插条，在整好的苗床上，按行株距7厘米×3厘米进行扦插育苗，待生根发芽后移植到大田培育，此法可获得大量幼苗。

2. 田间管理

（1）中耕除草补苗　幼苗移栽成活后要进行中耕除草，第一次中耕要浅，没有苗的地方要补苗。第二次除草在封垄前要完成。全年要锄草5遍，保证田间无杂草。

（2）追肥　结合除草应追肥。生长前期以施尿素为主，全年可追施2～3次，每次10千克尿素。

（3）排灌水　7～8月份遇高温干燥天气应及时浇水抗旱保苗。每次收割后要及时浇水，以利于萌发新苗。梅雨季节及大雨后要及时疏沟排水。

（4）摘心打顶　5月份当植株旺盛生长时，要及时摘去顶芽，促进侧枝茎叶生产，有利于增产。

3. **病虫害防治**

(1) 薄荷锈病　5~7月阴雨连绵或过于干旱均易发此病。初期在叶背出现橙黄色粉状物，到后期发病部位长出黑色粉末状物，导致叶片枯萎脱落全株枯死。防治方法主要有：加强田间管理、改善通风透光条件。也可用25%粉锈宁1000~1500倍液叶片喷雾。

(2) 斑枯病　又称白星病，5~10月发生，初期叶片上出现散生的灰褐色小斑点，后逐渐扩大，呈圆形或卵圆形灰暗褐色病斑，中心灰白色，呈白星状，上生有黑色小点。后发展溃烂，致使茎秆破裂，植株死亡。防治方法是发病初期喷施多菌灵500倍液，每周喷一次，3次即可控制。

第六节　细辛栽培技术

一、概述

细辛别名烟袋锅花、细参，为马兜铃科植物。以全草入药，有祛风散寒、行水止痛的作用。主产于吉林、辽宁、黑龙江等省，喜阴凉湿润、富含腐殖质的背阴坡或稀疏林地。黏重土壤、积水低洼地不宜栽培。忌强光直射，种子有后熟现象。

二、栽培技术

1. **种子繁殖**　6月果实由紫红色变为粉白色，手捏果肉软、呈粉沙时即成熟，随熟随采，随采随播。如果不立即播种，自然条件下贮藏1个月则发芽率变为70%，自然条件下贮藏2个月全部霉烂，随采随播发芽率高达90%，所以最好是随采随播。播种方法有两种：条播和穴播。

(1) 条播　在畦面上按行距10～13厘米开沟，沟深2～3厘米，种子拌细土均匀撒入沟内，覆土2～3厘米，每667平方米用种量4千克。

(2) 穴播　在畦面上开平底穴，深3～4厘米，播后覆土2～3厘米，畦面盖一层半腐熟的树叶。

2. **分株繁殖**　采挖野生细辛移栽。挖时不要伤根和芽苞，挖后要保持新鲜，防止干枯，随采随栽，暂时栽不上的要假植。夏栽、秋栽、春栽均可，以夏栽为好。分株繁殖，将细辛按芽苞的多少分割成多株，每株上要有1～2个芽苞，根茎留3～5厘米长，并带有须根，行株距15厘米×(7～10)厘米，穴栽，深度据所取的根茎长短而定，以须根不弯曲为度，栽后浇水，并注意松土除草。

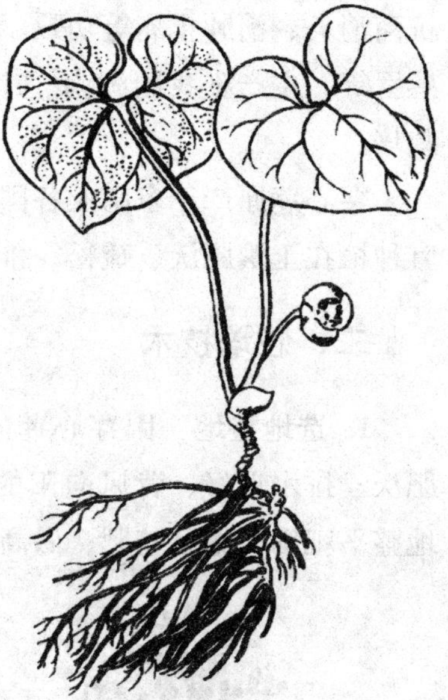

北细辛

生长季中，如遇干旱，需及时浇水，浇水时可将硫酸铵或过磷酸钙溶于水中追肥，也可用腐熟粪肥追肥。如果栽培地无自然林阴，需搭棚遮阴，棚高0.67～1米，上盖稿草，一般要求荫蔽度50%～60%，帘子长宽各超过畦面33厘米为限。为防病害，可用50%多菌灵1000倍液喷雾，每10天1次，连续2～3次。

第七节　穿心莲栽培技术

一、概述

穿心莲为爵床科穿心莲属植物，以全草入药，具有清热解毒、抗菌消炎、消肿止痛等功效。主治尿路感染、急性扁桃体炎、肠炎、感冒等，主产于我国湖南、广东、福建等省，现全国各地均有引种栽培。

穿心莲原产于东南亚各国热带地区，喜温暖湿润、向阳的环境，宜种植在土壤肥沃、疏松、排水良好的土壤中。生长前期喜氮肥。

二、栽培技术

1. **选地整地** 因穿心莲的种子细小，选地时应选择土壤疏松、肥沃、排水良好、背风向阳的地块，要有浇水的条件。尤其要将土地整平耙细，施足基肥，做高畦种植。

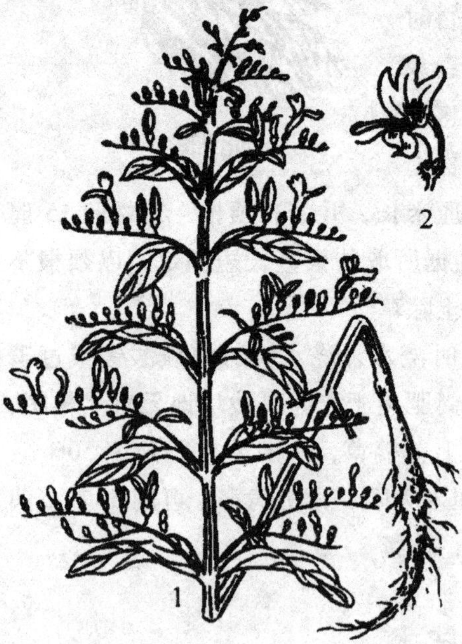

穿心莲

1. 全株 2. 花

2. **直播方法** 春季 4 月中旬至 5 月下旬进行。穴播，穴行株距 30 厘米×25 厘米，穴内施入适量人畜粪水，然后将种子拌上草木灰，播入穴内，再覆盖少许细土，以不见种子为度，用脚踩实，畦面盖草保温保湿，7～10 天即可出苗，每 667 平方米播种量 250 克左右。

3. **播种育苗移栽法**

（1）采种与种子处理 9～10 月当果壳由青变黄时可分批采收种子。除去杂质，再晒干，扬净，装入布袋，置通风处保存。穿心莲种子外皮较硬，表皮外有一层蜡质，妨碍种子吸水，难以发芽。因此，应在播种前将种子拌细沙擦伤种皮，去掉蜡质层；再将种子放入45℃左右的温水中浸种24小时，有利于发芽。

（2）播种育苗　育苗地应选地势平坦、阳光充足、灌溉方便的地块。3～4月间播种。将种子与草木灰混匀，撒入地面，覆盖一层1厘米厚的土，每667平方米播种量6～7千克，播后浇水施肥，在地温20℃时15天苗出齐。幼苗长出4～5对真叶时，即可出圃定植。

（3）移栽　一般在6月底7月初定植。选阴雨天气移栽成活率较高，晴天移栽，应先将地浇透水。定植行株距30厘米×20厘米，每穴栽入壮苗1株，每667平方米约栽苗1.2万株。栽后立即浇一次稀人粪水，覆土压实，成活率在80%以上。

4. 田间管理

（1）松土除草追肥　幼苗移栽成活后，进行第一次中耕除草，中耕宜浅，避免伤根。然后每667平方米浇施稀薄人粪水1500千克，以后每半个月除草追肥一次。封行以后不再进行。

（2）排灌水　遇到干旱天气，应及时浇水，保持土壤湿润；雨季要及时排水，防止烂根。

5. 病虫害的防治　立枯病在4～5月份育苗期发生，在幼苗1～2对真叶时发病尤为严重。在幼苗茎基部产生病变，使茎基部失水干缩，幼苗枯萎，成片倒伏。少量发现时应及时用50%的多菌灵800倍液喷雾。另外要及时清除枯死的植株，防止传染周围的植株。

枯萎病多发生在7～8月高温季节。要及时清除病株，并及时排除田间积水。可喷施70%甲基托布津1000～1500倍液防治。

第七章 真菌类中草药

第一节 灵芝栽培技术

一、概述

灵芝别名灵芝草、赤芝、木灵芝等，为灵芝菌科灵芝属真菌。有2000年的用药历史，为我国珍贵中药材，具有益寿延年之功效。现代药理证明，灵芝有增强免疫力、保肝解毒、降血脂等功效。主产于吉林、河北、福建、陕西、浙江等省。

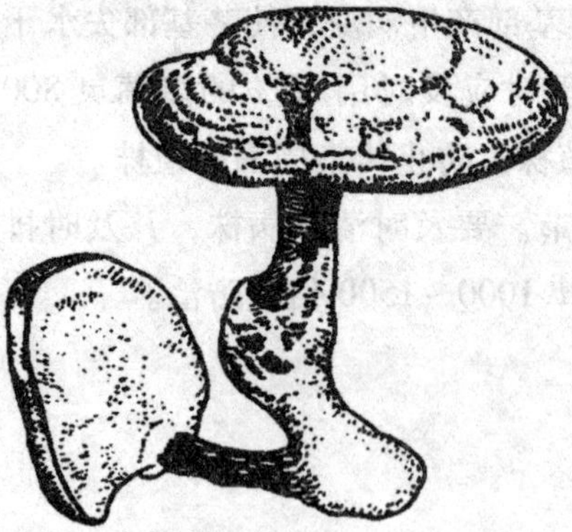

灵芝

灵芝喜生长于散射光的阔叶林中，尤以稀疏的林地上的阔叶树桩、腐朽木生长较多。灵芝属高温型腐生真菌，菌丝体在温度24～30℃时生长迅速；子实体在24～28℃时分化较快。孢子发育及菌丝生长不需要光照，子实体分化和发育需要散射光，有向阴性，具好气性，在通气性良好的条件下有利于菌柄的生长和伸长。

对空气湿度要求较高，子实体生长发育要求相对湿度为85% ~90%。

二、栽培技术

1. 灵芝培养基的制备与菌种的分离

（1）母种培养基配方及制备　母种培养基：多采用马铃薯—琼脂（PDA）培养基，其配方是马铃薯（去皮）200克，葡萄糖20克，琼脂20克，磷酸二氢钾3克，硫酸镁1.5克，维生素B 1~2片，水1000毫升。

制备方法：按常规方法进行。培养基制成后，调节pH值至4~6，分装试管，高压灭菌30分钟，稍冷却后摆成斜面培养基。

（2）灵芝纯菌种的分离　常用的有组织分离法和孢子分离法。

a. 组织分离法是在无菌的条件下，选取新鲜、成熟的灵芝，于菌盖或菌柄内部切取一小块黄豆大小的组织块，接种在斜面培养基上。置温度24~26℃下培养7~10天，当白色菌丝布满斜面时，即得母种，然后再扩大培养成原种和栽培种。

b. 孢子分离法是在无菌的条件下，取新鲜成熟的灵芝菌，于马铃薯培养基上培养一般时间，温度控制在24~26℃，培养基表面上便形成子实体（小灵芝）相似物，在贴近管壁处形成菌管，自菌管管口中散发出孢子粉，便是纯孢子粉，将此孢子粉接种到培养基上获得一层薄薄的菌苔状的营养菌丝，即得灵芝纯菌种。

2. 人工栽培方法　目前多采用瓶栽和段木培养两种方法。

（1）灵芝瓶栽法

a. 培养料配方。棉籽壳80%，麸皮16%，蔗糖1%，生石膏3%。加水适量，混拌均匀，使培养料含水量在60% ~70%，以手握之不出水为度，调节pH值至5~6。

b. 装瓶灭菌。料拌均匀后，先闷1小时，然后装入广口瓶中，装料要上紧下松，装量距瓶口3~5厘米即可。装好后用尖圆木棒打一通气孔，擦净瓶体，用塑料薄膜加牛皮纸扎紧瓶口，然后进行灭菌（高压灭菌，压强 1.1 千克/厘平方米，时间 1.5 小时；常压灭菌 100℃，保持 8～10 小时，再闷 12 小时）。

c. 接种。在无菌室内进行。用 75% 的酒精消毒接种工具，然后用右手拿接种耙在酒精灯火焰上灭菌，左手拿菌种瓶，并打开菌种瓶口，在火焰旁用接种耙取出一块小枣大小的菌种，迅速放入栽培料瓶中，经火焰烧口，用牛皮纸包扎好，置于培养室内培养。

d. 培养与管理。在温度 20～26℃，空气相对湿度 60% 以下条件下，培养 20～30 天，菌丝即可长满全瓶；再继续培养，培养料上就会长出 1 厘米大小的白色疙瘩或凸起物，即为子实体原基——芝蕾。当芝蕾长到接近瓶塞时，拔掉瓶口棉塞，让其向瓶外生长，这时，控制室温在 26～28℃，空气相对湿度为 90%～95%，保持空气新鲜，给以散射光等条件，凸起物芝蕾向上伸长成菌柄，菌柄上再长出菌盖，孢子可从菌盖中散发出来。从接种到长出菌盖，约需 2 个月时间。生长期要注意管理，每天要通过定时开窗的办法换气，在气温偏高时，上午、下午都要开窗。

(2) 灵芝段木培养法

a. 段木的选择。应选用栎、栗、柞、桃、柳、杨、刺槐等阔叶树作段木。直径 5～15 厘米均可选用。锯成 1 米长的段木，不要剥皮，码堆干燥。

b. 接种。选择培养 20 天左右子实体原基刚形成的新鲜菌种。这种菌种生命力强，接入段木后发育快，且不怕杂菌污染。接种工具可用直径 1～1.2 厘米的打孔器或电钻头。打入段木约 1 厘米深，行株距 20 厘米×20 厘米，呈品字形排列。打孔后立即接种。接种前先将菌种取出，截成横截面积 1 平方厘米的小块，轻轻塞入孔穴中，稍压紧后盖上树皮。30 天后，菌丝便侵入段木，并可见孔穴四周形成棕色菌圈，说明接种成功。立即将段木埋入 pH 值为 5～6 的酸性土壤中，若天气干旱，可淋水湿润土壤。遇雨季或雨天，要注意排水。此外，还要在栽培场周围撒一圈拌有灭蚁灵的毒土，诱杀白蚁，防止其为害段木。第二年清明节后，当气温升至25℃左右，可取出数根段木检查：揭开树皮盖，见孔穴周围已长成茶褐色，或已长出芝蕾；段木两端有白色菌丝或浅褐色菌膜，并可嗅到灵芝菌丝的特殊气味，显示菌丝已成熟。立即将段木挖出，截成长17～22厘米的小段木，然后将其斜埋入酸性含沙砾的土壤中，上端露出地面约3厘米，且覆盖杂草遮阴，隔数日洒一次水，保持土壤湿润，经7～10天开始长出芝蕾。在生长芝蕾期，栽培场所要保持90%的相对湿度，2个月左右芝蕾长成灵芝成品，即可采收。

第二节　猪苓栽培技术

一、概述

猪苓又名枫苓、乌桃、亥苓等，为多孔菌科多孔菌属植物。以菌核供药用，有利尿渗湿、祛痰解毒之功效。

猪苓生长在海拔1000米左右的向阳林地，以次生林生长居多。喜结构疏松、含腐殖质丰富的微酸性山地沙质黄壤或少质黄棕壤土。猪苓不能自养，也不直接寄生于活的或腐朽的树木上，而是依靠密环菌提供养料。猪苓的生长发育需经历担孢子、菌丝体、菌丝和子实体四个阶段。担孢子在适宜的条件下萌发形成初生和次生菌丝，无数次生菌丝紧密缠绕，结合成菌核；菌核系多年生，能储存养分，在不适宜的环境中保持休眠，如遇到密环菌和适宜的环境就能萌发产生新的菌丝，无数新菌丝紧密缠结，突破菌核表皮层，形成白色头状的苓头，并不断生长增大，形成猪苓。主产于陕西、云南、甘肃、吉林、安徽等地。

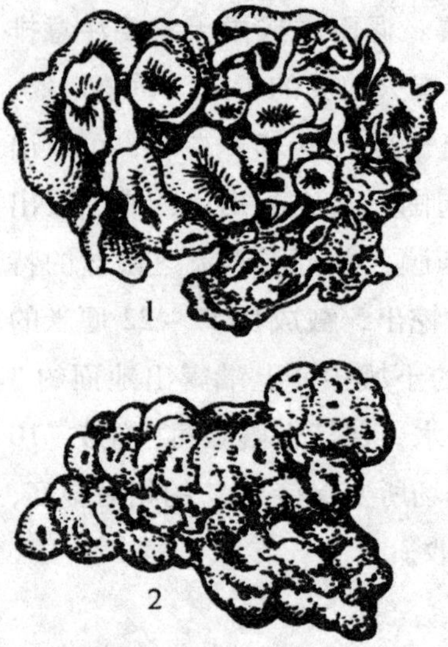

猪苓

1. 子实体　2. 菌核

二、栽培技术

1. 生长环境　猪苓的生长环境与密环菌的生长环境相似。人工栽培猪苓与栽培天麻的方法相似，需要先培养密环菌菌材和菌床。

选择栽培猪苓的场地应选择湿润、通透性能良好、土壤含水量为30%～50%、微酸性的沙质壤土。坡向以西南阳坡为好，坡度在20～30度为宜。选好地后，顺坡挖窖，窖的长宽各70厘米，窖深50厘米。栽培窖与密环菌床窖应相距较近。

2. 下窖接种　一般在春夏季4～6月或秋季8月下旬至10月下旬进行为宜。栽培时扒开密环菌菌床顶土，取出上层5根新材，摆入就近的已挖好的栽培窖内，菌材间距6～10厘米，下层5根菌材就地不动作固定菌床。即1窖菌材可培育2窖猪苓。

将掰开的小块猪苓菌核（即苓种）一个个贴放在菌材的鱼鳞口上和菌材的两端，或菌索密集处，使苓种断面与密环菌紧密结合，以利相互建立共生关系。一般1根菌材压放8个左右的苓种。苓种放好后填充腐殖土，然后盖细土10～15厘米，窖顶盖枯枝落叶，呈龟背形，以利排水。

3. 田间管理　猪苓接种后保持其野生生长状态，保持土壤湿润，及时除去窖周围杂草，为防止鼠害及其他动物践踏，应派专人看管猪苓场。

第三节 茯苓栽培技术

一、概述

茯苓为多孔菌科卧孔菌属真菌，以菌核入药，有利尿健脾、宁心安神的作用，喜温暖、干燥、通风、阳光充足、雨量充沛的环境，要求坡度10~30度，土壤为沙质壤土。野生种生长在海拔500米以上，在地下20厘米左右的腐朽的松树或松树段上。

人工培育茯苓要注意以下几个条件：

(1) 选用合适的培养源　选用生长年限长、含水量50%左右的松树段木作为茯苓菌丝的培养源。

(2) 适宜的栽培场地　选用坡度10~30度，含沙量60%~70%的沙质壤土作栽培场地。选地在阳坡，盐碱地不宜栽培。

二、栽培技术

1. 茯苓纯菌种的培养

(1) 母种的培养　培养基的配制：多采用马铃薯——琼脂培养基。配方是：马铃薯250克，蔗糖50克，琼脂20克，尿素3克，水1000毫升。按常规方法配制，调节pH值到6~7，分装于试管内，包扎，灭菌，使其成斜面培养基。

选择新鲜、皮薄、肉薄白、质紧的成熟的茯苓菌核作菌种。先用清水洗净，移入接种箱，用75%的酒精冲洗，再用蒸馏水或冷开水冲洗数次，用滤纸吸干，用小刀切开，挑起中央白色茯苓肉一小块，放到培养基斜面上，然后放入25～30℃恒温箱或培养箱中培养5～7天，待白色菌丝长满斜面时，即为纯种。

（2）原种的培养　母种培养后，不能直接生产，还要扩大繁殖培养原种。

原种的培养基配方：小松木块55%，松木屑20%，米糠或麦麸20%，蔗糖4%，石膏粉1%，加适量水，调节pH值为5～6。

配制方法：先将木屑、米糠、石膏粉拌匀；另将蔗糖加水溶化，放入松木块煮沸30分钟，待松木块充分吸糖液后，捞出；再将木屑、米糠、石膏粉等调匀倒入糖液中，拌匀；然后加入松木块，拌匀，以握之手指缝不出水为度。然后分装于500毫升广口瓶中，灭菌、冷却后即可接种。

接种方法：在无菌的条件下，挑取黄豆粒大小的母种放入广口瓶原种培养基中央，在温度25～30℃恒温下培养20～30天，菌丝长满全瓶，即为原种。

（3）栽培种的培养　培养基的配方：松木块66%，松木屑10%，麦麸或细糖19.6%，葡萄糖2%，石膏粉1%，尿素0.4%，过磷酸钙1%，加水适量，调节pH值为5～6。配制方法同上。将原种中的菌丝接到装有栽培种配料的广口瓶中，约30天菌丝长满全瓶。一瓶斜面纯种可接5～8瓶原种，一瓶原种可接60瓶栽培种。

2. **栽培法**　因段木栽培消耗大量木材，故常采用松树根栽培法。首先挖开根周围的土，露出松根，将侧根刮皮开槽，曝晒数天，晒干后即可接种。于5～8月间，开始接种，接种后，用树叶将其盖好，覆土压实即可。接种后每隔10天检查一次，发现病虫害、白蚁及时防治，9～12月茯苓膨大时要及时培土，第二年4～6月采收。

3. **栽培管理**　接种后要经常检查生长状况，发现杂菌污染要及时进行清理，重新接种。要及时拔草，防止水淹，及时将积水排除。

白蚁蛀食的要彻底清除，否则减产。

中篇
中药材产地加工方法

第一章 产地初加工

第一节 产地加工的意义和目的

一、产地加工

（一）产地加工的概念

中药材的产地加工是在中药产地对刚刚采收的中药材进行初步加工处理的办法，这是中药材种植的最后一个步骤，也是中药材走向市场，进行深加工的开端。

一般的农业作物都是成熟之后收获了就可以了，但是中药材却不相同，为了保证中药材具有良好的药用价值和上好的药效，就必须抓紧时间在产地进行初步加工，这同时也是中药材获得很好的种植收益的基础，只有适时加工，保证了中药材的良好药效，中药材才可以以更好地收益回报农户。

（二）产地加工的重要意义

1. **提高清洁度，保证临床疗效**　由于中草药是在田地里种植的作物，在其生长的过程中就难免会沾上灰尘和泥土，生长于地下的器官和果实会沾染泥土，生长于地上的也不可避免。而对于即将入药的中草药来说，达不到医药的卫生标准肯定是不行的。除此之外，中药药性具有十分复杂的特点，同一作物的全身器官也会具有不同的疗效，所以，各个药用器官就需要分类存放，避免药性的混合。所以，进行产地初加工是十分有必要的。

2. **防止变质，利于运输贮藏** 和其他农作物一样，中药材在采收之后是处于高度含水的状态的，如果不进行加工，就会很容易腐烂和变质，不仅影响药效，也影响药材的收益，而经过产地加工的药材，不仅降低了药材的重量，而且分类更加明确，品质更加优质，提高了中药材的整体品质。

3. **按疗效分类，药效更单一** 我们知道，整株的中草药虽然在生长时是一个整体，但是，其各个器官的药效却是不一样的。如果药效的作用范围和方向一致，那么还勉强可以放在一起使用，但是，如果这些部位的药效是相反的，或者它们之间具有排斥作用，那么就一定不可以整体入药。正是为了区分这些药效不同的药用部位，所以，我们要把它们分开使用，使其各司其职，发挥自己独特的作用。

4. **有利于后期深加工** 经过产地初加工的药材，药物的药用部位分类、药效分类、贮藏方式分类便于后期按照临床的需要进行采用，方便了后期的加工和利用。

二、产地加工的目的

（一）去除杂质和无效部位

中药材的产地加工首先要通过清洗、挑选等一系列方法，去除中药材中混入的杂质、泥沙、非药用部位等成分，保证中药材的合理净度。如根类中药材要去除根部以上的部位，只留下根系作为药用。果实和种子类的作物要去除其中霉烂变质或者不成熟的地方，保留高纯度的果实。皮类作物一般要去掉粗皮等外部包裹的无效成分。

（二）药用部位分离

我们已经知道，有些药用植物本身可以分为很多的部分来使用，而且这些部位的功效还可能十分的不同，必须分开入药。对于这样的植物，我们在初加工的时候也要将其分开，使其各归其位。例如栝楼是一种药用植物，但是它的根和果实就具有不同的作用，它的根具有清热生津，消肿排脓的作用，但是它的果实却是润肠通便、祛痰散结的好药，也正是因为药效的不同，所以在加工的时候也要分开进行。

（三）保证药材干燥

中药材在采收之后都是鲜品，而湿润的中草药一般是不可以直接入药的，而且中草药从采收到加工需要经过很长的时间，如果采收后就外运，既不利于运输，也不利于保存。在产地进行初步的加工，根据药材本身的色、香、味等不同的特质，进行阴干、晒干、蒸、煮、烫等不同的处理，就可以最大限度地保持药物疗效，防止药物变坏。

（四）防止药物变质

由于中药都具有不同的特性和疗效，所以其药效的合理保存就十分重要，如果在使用之前就受到外界环境因素的影响，那么就可能使其失去本身的药效。如含苷类成分的药材中都有许多酶的存在，而酶又是一种活性很高的物质，在受到外界的温度和湿度等的影响下会破坏药物自身的结构，甚至改变药效。

（五）利于药材按质论价

并不是所有同一类型的中草药的价格都是一样的，正所谓优质优价，只有具有较高的品质，才会获得更高的回报和收益。通过产地初加工之后，收购者会根据药材的部位、大小、形态、色泽等重要因素对药材进行按质论价，自然，药物的品性好的农户就可以获得更多的收益。

药材规格等级的高低是以药材本身的质量好坏为依据的。但是全国的药材种类多样，种植区域多、各地又历来都有自己的标准，所以很少有中药材具有全国性的质量和等级标准，但是，通常以品质最佳者为一等，较佳者为二等，最次者为末等。不分等级者为统货。

部分具有全国标准的中药材也是在结合历史传统和产地现状的基础上，统筹全国药材发展而制定的。

第二节 产地加工的常用方法

由于中药材的品类多样，各种中药材又都具有自己独特的性质和用途，即具有不同的色、香、味、气，所以，在长期的产地加工实践中，形成了各种不同的产地加工的方法，但是无论采用什么样的加工方法，都要保证加工后的药材形体完整、色泽鲜亮、药物性质稳定，利于储存。产地加工方法和效果的优劣，对于中药饮片的生产和中成药的深加工，具有十分重要的意义。

一、洗涤与挑选

洗涤主要去除的是药物表面的泥沙和杂质，多用于根茎类药材的加工。但是，并不是所有的药材都要进行清洗，那些需要直接晒干和阴干以及具有芳香气味的药材就不需要洗涤。

挑选主要以人工的方式进行，主要是去除药材的非药用部位，以及进行药用部位的切割和分类，便于使用和储藏。如牛膝要去掉没有用的芦头、须根；牡丹皮去掉木质心；厚朴刮去外层的粗皮等。

由于过去生产工艺落后，一般挑选都是以手工的方式进行，这样虽然可以保证挑选的质量，但是效率较低，近年来随着脱皮机和去毛机等机械化设备的利用，大大提高了产地加工的效率。

二、切片

大黄、土茯苓、乌药、鸡血藤、木瓜、山楂等根茎较大，或者十分坚硬的果实类药材大多都要趁鲜进行切片，以方便干燥和利于入药，但是对于那些药物成分中含有挥发性的物质的药材，则要避免切片，防止药物成分的流失，降低药物药效。

三、去皮、壳

对于一些外部的皮壳没有药用疗效的中药材，在进行产地加工的时候，就要先去除药材的果壳和外表皮，以达到使药材表面光滑、干净无杂质的要求，而且，一般进行去壳操作之后的中药材都更加利于干燥，如在加工山药、黄柏、肉桂、白芍等药材的时候，就要手工进行剥皮操作。

需要去壳的药材又可以分为两种，一种是需要先去壳，取出种子和果实，然后再晒干的，这样的中药材有白果、桃仁、苦杏核等。

另一种是要先晒干，然后再取出果实和种子的，这样的中药材有莞丝子、车前子等。

四、蒸、煮、焯

对于那些自身含淀粉、糖分或者黏性的汁液较多的药材，收获后一般都不容易干燥，十分不方便运输的贮存，所以，就要首先在产地进行初步加工，而加工方法也是以蒸、煮、焯等为主。在加工的过程中，对于药性和自身特点不同的药材，也要分门别类，按照其性质进行加热和处理。如天麻和红参需要蒸透，白芍和明党参需要煮至透心，红大戟需要在沸水中略焯；而鳖甲要在沸水中烫到背上的硬皮可以剥落为止。

药材经过蒸、煮、焯处理后，会有许多的好处。首先是易于干燥，便于后期的运输贮存，其次有的药材经过处理后可以抑制虫卵孵化，如桑螵蛸、五倍子等，有的可以方便去掉硬皮，如明党参、北沙参等；有的可以起到一定程度的滋润作用，如黄精、玉竹等；有的可以防止散瓣，更好地保存药效。

五、硫熏

硫熏是一种历史遗留的药材加工的方法，经加工后的药材可以保持色泽的洁白，防止变质发霉，常用于山药、白芷、天麻、川贝母、牛膝、天南星等药材的加工，但是我们知道，硫黄中含有很多的有害成分，用其熏制的药材也会在一定程度上对环境和人体产生危害。所以，这种方法亟须替代，但是用何种方法可以有效地代替此法，目前还没有一致的结论。

六、发汗

为了便于干燥和药效的保存，有的药材，如厚朴、杜仲、玄参、续断、茯苓等需要在产地进行发汗处理。发汗处理的具体做法是：先用微火把药材烘制半干或者蒸煮至合适的程度，然后堆置在一起，使其内部的水分不断地向外部渗出，使其变软，变色，增加药材的香味或者是减少药物本身的刺激性。

七、干燥

药物的干燥是药物进行产地处理的主要目的，也是药用药材最终达到使用标准的最终状态。药物进行干燥处理后，去除了药物自身的大量的多余水分，减少了药物发霉和虫蛀的可能，避免了药物有效成分的散失，保证了药物自身性质的稳定，为中药材的后期加工提供了色香味俱全的中药资源。

中药材的干燥也要遵循药材自身的性质，选择合理的干燥方法，避免出现对药物自身结构的破坏。中药材的加工有自然干燥和人工干燥两种方法，产地干燥一般以自然干燥为主。

第三节　产地加工的设备和原则

一、产地加工设备

进行药材的产地加工，包括手工操作和机械化进程，这就会用到一些产地加工的设备，常用的设备有手工操作的工具，自动化的机械，以及一些具有专门用途的熏烟设备、浸渍设备、蒸煮烫设备和干燥设备。

（一）工具

工具大多都是进行手工加工的用具。进行手工加工的主要原因大致有两种，一种是进行机械加工存在困难，一种是药材的产量很少，不适合进行大规模的机械加工。

常见的手工加工的工具有清洗药材和进行药物分级用的筛子，清洗外表皮的刷子，切除非药用部位和进行药物不同药物性状分离用的刀剪，以及蒸煮时扎孔透气用的针具。除此之外，在加工大数量的药材的时候，有时候也要需要手工操作，如对姜、姜黄、黄连、泽泻、川芎、浙贝母等进行去皮、去根，清除杂质操作所用的撞笼、撞兜、柴桶等。

（二）机械

药材的机械化加工经常主要是代替手工进行药物的清选、分级、去皮、切片、脱粒、包装等操作，常用到的自动化机械有牛蒡脱粒机、切片机，山茱萸去核机，半夏去皮机，谷物脱粒机、碾米机（用于薏苡去壳），贝母擦皮机等。如果需要加工的药材数量很少，可能还显示不出机械化的巨大优越性，但是随着药材加工数量的增

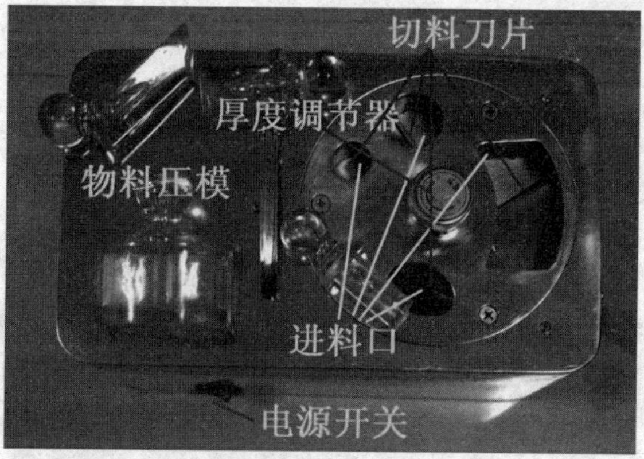

多，机械化作业的优势在日益增加。以机械代替手工的方式，减少了人们的劳动强度，提高了劳动的效率和加工的质量，值得大范围地推广使用。但是，目前的中药材加工也存在很多的缺点和不足，以后要向一机多能和小型化的方向发展。

（三）蒸煮烫设备

在药材的加工中经常需要进行蒸煮烫操作，在加工的过程中，如果是家庭性的小型加工，一般使用家里自己的生活用具就可以了，比如饭锅和蒸笼。如果生产量比较大，用小型器具比较麻烦，那么就要用专门化的蒸煮烫设备来进行了。大型加工设备有锅炉、大蒸笼、大铁锅等。蒸笼的制作材料多样，有木质、竹制和铝制等多种可能。大多数呈圆形和正方形，形状比较规则。

（四）浸渍、漂洗设备

对药材进行浸渍、漂洗也是产地加工的常用方法，加工后的药材质地清洁，无杂质和添加，更加满足药物的药用需求。和进行药物的蒸煮一样，如果是家庭式的小型加工，也可以使用自己家的生活用具来进行，比如缸、盆、桶等，但是如果药材的数量比较大，那么就需要用混凝土、石块等来建筑专门的大池来进行药物的清洗。

二、产地加工的原则

（一）根与根茎类药材

根与根茎类药材由于生长在地下，所以收获的时候就会带有很多的泥土。在进行产地加工的时候，就要去净地上的茎叶和根须部分，只保留有效的药用部分，然后再进行晒干和烘干处理。当然，此类药材的处理还有一些特殊的情况，比如桔梗、黄芩等药材就需要去除外部的表皮；威灵仙、商陆等药材就需要进行切片处理；天麻、黄精等就需要蒸煮后再进行晾晒；半夏、附子等晒前还要先进行水漂以去除药物的毒性；人参、黄芪等要进行去芦操作；当归、甘草要分开头部和身部、尾部，分门别类进行挑选；防风、茜草等要扎成小把，便于运输。

（二）叶、全草类药材

叶、全草类药材一般都是含有蒸发性物质比较多的中草药，所以在进行干燥处理时一般要阴干。有的还要扎成小把或者把叶片串起来进行阴干。

（三）花类药材

花类药材一般都带有十分脆弱的花蕾，所以在处理上也要特别小心，在进行晒干和烘干的时候，要尽量缩短加工的时间，保证花色的鲜艳和花朵的完整无缺。

（四）果实、种子类药材

一般来说，果实和种子类药材体积都较大，如果不经加工就进行晒干，一般会比较耗时费力，所以在长期的社会实践中，人们采取了很多的方法来加快其干燥的进程。

五味子在进行处理的时候须先用沸水微烫，然后再捞出晒干。山茱萸要经过烘烤或略煮，去核后再晒干。杏仁要去皮、去瓤、去心，只保留有效物质。

（五）皮类药材

皮类药材的木心一般是没有实际的药用价值的，所以在加工的时候就要及时地去除掉。杜仲、黄柏等药材还要切成要求的大小片块，经过热焖、发汗后进行晒干备用。丹皮、厚朴等药材还要去掉外表的厚皮。但是含有挥发性物质的芳香类皮类，则要防止暴晒，而是要阴干处理。

第二章 中药材净制方法

由于中药材采收之后经常会含有许多的杂质和无效的药用部分，如泥土、残须、内核、粗皮、木心等。而这些东西的存在会在一定程度上影响药物的疗效，而且也不符合卫生用药的要求，所以必须要进行药材的净制，使其符合临床用药的需求。

第一节 中药材净制

一、净制的概念

净制是在切制、炮炙或调配、制剂前，选取规定的药用部位，除去非药用部位、杂质及霉变品、虫蛀品、灰屑，并对中药材“分档”，使其达到药用净度标准的简单加工方法。净制是中药材进行加工的第一道工序，是采收的中药材走向市场，称为中药片剂和临床用药的前提和基础。所有的中药材在进行使用之前都需要净制，入根类的去除须茎，皮类的去除粗皮，果实种子类的去除果壳等。还有生长于同一植株的药材的药性不同，也要把其分类存放，通常只有经过净制后的中药材才可以称为“净药材”，才符合临床用药和药剂加工的标准。

二、净制的目的

（一）分离不同的药用部位

虽然有的中药材同时生长于一颗植株上，但是其不同的部位却具有十分不同的药用疗效，对于这样的药材，在进行净制的时候，就要把不同的药用部位分开存放，以保证其不同部位发挥不同的药用疗效。常见的例子有莲子和麻黄。莲子肉健脾止泻，莲子心降低血压，所有肉和心必须分开存放和使用；麻黄茎具有发汗解表作用，而根具有止汗作用，所以根和茎也要分开使用。

（二）进行分档

即使是同一种类型的中药材，由于其根茎、果实和种子的大小不一样，所以在进行加工的时候，就要依据其大小进行分类，然后再把同类的药材进行后期干燥、蒸煮等加工处理。只有进行了分档，才能保证同样大小的药材在相同的时间达到了药用规定的软硬和加工程度，避免出现有的煮烂了，有的还不熟的现象。一般来说，川乌、槟榔、白芍、山药等在进行加工处理的时候都需要进行分档。

（三）除去非药用部位

除去中草药的非药用部位是一种在加工的时候把无用的、或者有毒副作用的毛核、粗皮、木心、果壳等去掉的方法。由于中草药本身性状的多样性，所以其不同部位的作用也就不一样，如果在入药的时候不经过挑选，或者全部入药，就可能影响药物的疗效，或者产生一定的毒副作用，造成医疗事故。如巴戟天的木心为非药用部位，但是木心在整个药用植株中所占的重量比重又非常大，如果不及时除去，就会影响临床的药物用量，降低药物疗效。

（四）清除杂质

中药材在生长和采集的过程中，都不可避免地会混入一些杂质，这些杂质有的会影响药物的清洁度，有的甚至会影响药物成分的发挥，所以，在进行后期加工之前，一定要及时地除去，保证药物的药用疗效。

（五）除去有毒中药材

由于同时进行多种中药材的采收加工，所以很可能会使中药材中混入外形相似的其他中药材，如果这些中药材的药性是相同方向的，那么还可以勉强使用。但是如果两种药用物质的药性相抵触，或者混入的是有毒的药材，那么就很容易导致误食后的中毒和死亡事件。所以，在前期就及时地除去是十分有必要的。常见的如八角茴香混入莽草，黄芪中混入狼毒，贝母中混入光慈菇，天花粉中混入王瓜根等。

第二节　清除杂质的方法

一、挑选

挑选是一种主要用手工的方式去除药材杂质的方法，其中杂物的类型包括掺杂在药物中的泥土，无用枝叶、根须类等无效和无用部位。这些部位有的根本无法用机械的方式除掉，常见的有梗、核、壳、变质失效和虫蛀发霉的部分等。另外，当需要进行中药材的归档和等级分类的时候，也一般难以用机械的方式进行。

随着机械化的发展，进行人工挑选也会用到一些专业化的工作设备，入筛、颠簸、人工挑选台等。

二、筛选

筛选是根据药物体形的大小不同，采用不同规格的筛和罗进行分拣，筛去药物中混杂的沙石和杂质，使其清洁的一种药物处理方法。筛选需要配置大小不同的筛和罗，在使用的时候以便根据药物的大小和处理要求来选择工具的使用和规格。有的药物自身的大小不同，所以需要用不同的筛子进行筛选，方便分档处理，常见的有胡索、浙贝母、半夏等。另外，除了自然混入的杂质，在进行人工加工后需要处理杂质的时候也可以采用筛制的方式，如在配料炒制之后，如果要筛去药物在炮制时混入的辅料，如麸、土粉、蛤粉、滑石粉、河沙等，就可以采用大小规格不同的筛子。

筛子的材料有很多中，比较常见的有竹筛、铁丝筛、铜筛、麻筛、马尾筛、绢筛等。其中马尾筛、绢筛由于孔径较小，所以一般用来筛去细小种子类的杂质或药物研粉。

竹筛一般呈圆形浅边，底平有孔，四周边高 3～4 厘米，直径为 50～70 厘米，底部有孔，孔眼的大小不同，一般按照底部孔眼的大小可以分为以下几种类型：第一种是大眼筛，每个眼孔约为 0.40 平方厘米。中眼筛，每个眼孔约为 0.15 平方厘米。小眼筛，每个眼孔约为 0.10 平方厘米。细眼筛，每个眼孔约为 0.08 平方厘米。龟板筛，龟板筛是一种用宽竹条编成的，半球形，底部有突起的筛子，底部孔眼间的距离为 1.5～2 厘米，通常用于筛体积较大的物体。罗筛，罗筛是用木片或者珠片扎成筛围，用马尾、细铁丝、铜丝、丝绢等做成筐底的大小不同的筛子，按照其筛孔径的大小可以分为如下几类。

(1) 马尾筛　罗筛底系马尾织成，粗的每 1 平方厘米约 3 个眼，细的每 1 平方厘米约 5 个眼。

(2) 铁丝纱罗　罗筛底系铁丝纱做成，每 1 平方厘米约有 1.5～2 个眼。

(3) 细罗　罗筛底系丝绢或细铜丝织成，每 1 平方厘米有 8 个眼。

此外还有头罗筛、二罗筛，罗底孔眼每平方 1 厘米有 10～13 孔之分，最细的每 1 平方厘米有 15、17、19、20 个孔眼，供筛细粉用。

(4) 套筛　套筛是一种孔径较细的筛子，它的结构分为上下两层，上面有盖，中间放置罗筛，上下部可以合起来，套筛的大小一般为 25 厘米，主要用于在筛制细小的易飞扬的物质时防止细末飞扬。

传统筛选方法，不仅劳动强度大，费时费力，而且存在筛选时的再次污染问题，难以达到药剂制作的卫生要求。所以现代大多用专业化的机械来代替手工操作。常见的机械设备有电机震动筛选机、往复震动筛选机、柔性支撑斜面筛选机等，机械作业主要是把要进行筛选的药材放在筛选的网面上，使筛网进行来回往复的震动和回转运动，使体积小于筛网的药材落到筛网下面，达到筛选的目的。

三、风选

风选是利用药物和杂质的轻重不同，经过簸箕或风车簸扬，从而达到使药材与杂质分类的效果。由于是借助风的作用，所以对作业的时间有一定的限制，其次，也只适用于去除一些细小的种子类型的药材中混杂的果皮、果柄或干瘪的种子等物质。

四、水选

有些药物在采收之后，表面会附着有大量的泥沙和杂草碎屑等其他杂质，无论进行挑选还是筛选，都会十分地费力，而且还达不到药物要求的卫生要求。对于这种含沙量很高的药材，就要进行水选。根据水选的具体作用，又可以进一步划分为洗净、淘洗、浸漂三种方法。

1. **洗净** 洗净是用清水洗去药材表面的泥土和灰尘等杂质的过程。具体的操作步骤是；在洗药池中注入七成满的清水，然后把需要清洗的药材倒入其中，进行过揉搓，待干净后捞起，装入竹筐内，然后再换清水重复冲洗一遍，然后进行干燥或等候下一步处理。

2. **淘洗** 淘洗是一种通过用清水涤荡来去除药材表面的泥沙和杂质的方法。与清洗法不同的是，淘洗法并不是把所有需要淘洗的物质都放到冲洗池中，而是把药材放置在小型的盛器内，然后用手拿住容器的一边，把另一边倾斜着没入水中，然后来回不停地抖动小型盛器，从而使上浮的杂质与药材分离，下盛的杂质从盛器底部分离。

3. **浸漂** 浸漂是一种将药材用盛器盛好，或者不用盛器放置在大量的清水中进行长时间浸泡的方法。浸漂的目的是使药材的盐分、有毒物质或异味得以减除。在浸漂的过程中要注意适当地进行翻动和换水，一般适用于乌梅、山茱萸、昆布、海藻等的清洁。但是，有的药材中的有效成分十分容易溶解在水中，如果长时间进行浸漂，就会导致药物成分的大量丧失，影响药物的成分。对于这样的药材，就要严格掌握浸漂的时间和程度，或者采用“抢水洗”法对药材进行快速洗涤。

第三节 非药用部位的清除

中药材中的一些非药用部位，对于疾病的治疗没有好处和帮助，反而会影响临床用药的掌握，有百害而无一利，所以必须去除。

一、去根茎

1. **去残根** 茎部是药用部位的药材要注意去除残根、地上的部分等非药用部位，这样的药材有马鞭草、泽兰、石斛、荆芥、黄连、芦根、藕节、麻黄、益母草、瞿麦、薄荷、马齿苋、茵陈等。

2. **去残茎** 作物的根部是药用部位的中草药要去除残留的茎等非药用部位，常见的有广豆根、柴胡、龙胆、白薇、防风、秦艽、丹参、威灵仙、续断等。

另外，即使同一药用来源的植物的根和茎都可以入药，但是如果作用不同，在加工的时候就都要分类分开。如麻黄根能止汗，茎能发汗解表，虽然根和茎都有作用，但是必须分开使用。

二、去瓤

药用植物去瓤主要是因为其瓤不具备药用价值，或者具有一定的毒副作用，所以要进行剔除。常见的需要进行区瓤处理的有青皮、枳壳、木瓜等。

枳壳是一种以果肉入药的草药。虽然它的瓤和中心柱中也同时含有挥发油、柚苷及具升压作用的辛弗林和N–甲基酪胺，但是由于含量很少，而且果瓤又容易霉变，不堪入口，所以大多数厂家都选择将其去除。

去瓤的方法很简单，用小刀将瓤挖去，然后洗净晾干即可。

三、去毛

有些药物的表面或者内部生长着许多的绒毛，如果把绒毛一起服用，就经常会刺激咽喉，引起咳嗽等症状，对于疾病的治疗是十分有害的。所以，在进行药物的加工的时候，就要去除药物的无用绒毛。

去除药物绒毛的常用办法有挑拣筛选、风选、刷除、砂烫等，每种方法各有不同，分别适用于不同的药物。

1. **根茎类药材** 骨碎补等根茎类药材的表面着生绒毛，一般使用砂烫法去除。

2. **叶类药材** 枇杷叶等叶类药材的下表面有浓密的绒毛，一般选择用棕刷刷除绒毛。

3. **果实类药材** 金樱子等果实类药材的内部生长着淡黄色的绒毛，在产地加工的时候，需要把它掰开，剔除其中的绒毛。

当然，也可以把金樱子用清水淘洗润软后，再放置在切药机上切成2毫米厚的片，然后再次放到水中淘洗，晒去种核和绒毛，捞出干燥。

4. **其他类型药材** 对于鹿茸等其他类型的中药材，可以先用玻璃片或者瓷片把其表面的绒毛刮干净，再用酒精灯燎烧其他的绒毛，直到绒毛都变焦为止。

四、去皮壳

对于不同种类的药材，去皮壳具有不同的意义和目的。根及根茎类药材主要是去除根皮，皮类药材主要是去除粗皮；果实和种子类药材主要是去除果皮和种皮。

去皮壳的主要目的是为了让药物更加清洁和便于按照合理的用量进行药物的配制。

厚朴、杜仲、丹皮、椿根皮、黄柏、秦皮、苦楝皮、肉桂、海桐皮等皮类药材需要在产地趁鲜去除粗皮、苔藓及其他不洁之物，果实类药材可以破开皮壳，取出药用果仁。种子类药物则要用烊法去除种皮。

五、去核

有些中药材只有果实是药用部位，果核和种子需要去除。有的果核虽然也有药效，但是和果肉的药用不同，所以也需要去除。去核时一般都采用挑选、浸润、风选、筛选、切挖等方法。

1. **诃子去核** 诃子是一种果肉和果核作用不同的药用植物。其果肉具有敛肺涩肠，治疗咳嗽、腹泻、痢疾等症的作用。而其核则可以用于治疗眼睛类的疾病。但是果核并不经常入药，所以需要在加工时剔除。其具体的去核方法是，用清水将诃子浸透，到果壳软化后砸开，取出果肉，然后晒干。

2. **山茱萸去核** 山茱萸也是一种需要进行去核操作的中药。其果肉和果核都含有具备降低血清转氨酶作用和安定、降温、抗菌消炎作用的熊果酸，但是果肉中毒的含量是果核的6倍，所以果核一般都会除去。

3. **山楂去核** 山楂既是一种常用的水果，也是一味中草药，一般都是选果肉入药，在加工的时候就要去掉果核，以保证用药的质量和疗效。

4. **乌梅去核** 乌梅也是一种以果肉入药的中药，其果核没有实际的药用功效，而且果核的比重较大，如不剔除就会影响临床用药的剂量和疗效。在去除乌梅壳的时候，如果其湿润柔软，就可以直接用手剥除，但是如果已经干燥，就要用水浸润，然后再剔除。

六、去枝梗

药物的枝梗包括药物的果柄、枝柄、花柄及老的枝叶等部位。一般情况下，药物的枝梗是没有实际的药用效果的，所以在对中药进行加工的时候就要去除，常见的需要去除枝梗的药用植物有五味子、槐角、夏枯草、花椒、桑寄生、连翘、桑叶、桑螵蛸、辛夷、密蒙、侧柏叶、栀子、钩藤、女贞子等。

七、去心

心一般指的是种子的胚芽或者根类药材的木质部位，去心一般去除的也就是这些部位。地骨皮、五加皮、白鲜皮、连翘等药材都需要去心。至于为什么要去心，大致有以下几种原因：

1. **去除非药用部位** 药物的心是非药用部位，而且一般质地坚硬、多纤维状物质、质量比重比较大，而且无药用功效，常见的有白鲜皮、巴戟天、五加皮、牡丹皮、地骨皮等。

2. **分离不同的药用部位** 如果肉和心的作用不同，在加工的时候就需要进行分离。

第三章 中药软化与切制

中药材的切制是指按照药材入药的要求和标准，把净制后的中药材进行软化后，切制成具有一定大小和性状规格的片、块、丝、段等形状的操作。

由于中药材在切制之前首先要进行软化，所以我们先介绍中药材的软化技术。

第一节 中药材软化技术

一、软化的意义

在中药材进行切制之前，一般都要进行药材的软化，使其吸收一定的水分，达到质地柔软，便于切制的目的。由于软化之后的中药材质地柔软，所以也减少了切制过程中的碎裂现象，有利于切制的美观和整齐。

药材的种类多样，性状不同，在对药材进行加工软化的时候，也要根据药物的种类和质地情况，选择合适的软化方法，确保同一类型的药材达到相同的软化程度。

二、常用软化方法

（一）水软化技术

1. **淋法** 淋法是一种用清水喷淋或者浇淋药材的方法。首先要将药材均匀地堆放在一起，然后用适量清水进行喷淋，喷淋的次数和湿润程度随药材的不同而异，以达到最佳的切制要求为宜。

由于淋法的浸水程度较轻，所以一般适用于叶类、全草类、果皮类等质地疏松、气味芳香的药材，如佩兰、香薷、荆芥、薄荷、陈皮、枇杷叶等。

2. **洗法** 洗法是指用清水快速洗涤或者淘洗药材的方法。在具体的操作中，要把药材及时地从水中取出，防止时间太长后药材有效成分的流失。由于这种方法药材和水的接触时间较短，所以又有人称为抢水洗。这种方法同样适用于那些质地疏松，水分极其容易渗入药物内部以及气味芳香的药材的清洗。常见的如南沙参、石斛、瞿麦、陈皮、五加皮、瓜蒌皮、龙胆、细辛、白鲜皮、合欢皮、防风等。

大多数此类药材用水洗一次就可以，但是那些含沙量很大的药材就需要进行二次冲洗，其具体的清洗次数以药材达到洁净的要求为宜。

3. **泡法** 泡法是一种长时间用清水浸泡药材的方法，通过浸泡，达到使药材软化，便于切制的目的。

其具体的操作方法是：先将药材洗净，然后将药材放置在浸泡池中浸泡，注入的清水量以淹没药材为宜，然后定期查看药材的浸泡程度，具体的浸泡时间视药材的大小、质地、浸泡季节而不同。

在进行浸泡的时候，要注意：

（1）时间控制　浸泡的时间不能太长，防止药材长时间浸泡而伤水。一般情况下，皮类药材浸泡1～3小时，根类药材浸泡1～4小时，全草类药材浸泡0.5～1小时。

（2）压重物　如果需要浸泡的药材的质量比较轻，容易漂浮，那么可以选择在其上方压一块重物，以保证充分浸泡。常见的有枳壳、青皮等。

（3）防止药效丧失　软化处理时要以少泡多润为原则，防止药用成分的丧失。

4. 漂法　漂是一种把药材放在大量水中进行长时间漂洗的药材处理办法。适用于有毒性的药材和富含盐分的药材，或者具有腥臭气味的药材。

（1）操作方法　将药材放在大量的清水中漂洗，每天换水2～3次。通过漂洗，可以有效地清除药物的有毒有害成分，去除药物难闻的气味，达到制剂的要求。

（2）目的　降低半夏、草乌等药物的毒性。除去海藻、昆布等药材的盐分。

5. 润法　润法是在药材经过洗、泡、淋之后，再把药材用适当的盛具盛装，或放置在润药台上继续进行洒水润湿操作的方法。通过浸润，水分可以慢慢地渗透到药材的内部，使药材的内外湿度一致，达到软化药材，便于切制的目的。

润药法一般适用于质地坚硬的药材。古语说，七分润工，三分切工。足见润药是进行药材切制的关键。经过合理地润药，既可以保证药物有效成分的存留，又可以使药材饮片的规格统一，颜色鲜艳，避免药材切制时的掉边、炸心、碎片、翘片等现象。

（二）湿热法软化

有些药材的质地坚硬，体积巨大，用水软化难以起到十分有效的作用，所以就要用加热的方法进行蒸煮处理。黄芩的体积较大，进行蒸制后可以灭活其中的酶类物质，同时可以进行很好的药物软化，便于切制。木瓜也不适宜用水软化的方法来进行处理，浸泡时间短，水分难以渗入，时间太长，就容易导致有效成分的损失。进行湿热软化之后，木瓜容易切片，而且片型美观整齐。

三、软化新技术

鉴于过去使用的软化技术会在一定程度上造成药物有效成分的损失，而且费时费力，效果不够良好，所以目前一些饮片加工厂开始采用真空加温润药、减压冷浸软化、加压冷浸软化等新技术来进行中药材的软化处理。

（一）真空加温润湿法

真空加温润湿法是将药材放置在特制的容器中，然后用真空泵抽出容器内部以及药材内部的空气，再向容器内部通入蒸汽，从而使药材的内外部保持相同的温度和湿度，等到中药材达到加工要求后，再将其取出。

（二）减压冷浸法

减压冷浸法也是把药材放在特制的容器中，先用抽气机械抽出药材组织间隙中的气体，使容器内达到接近真空状态，然后再向容器中注入饮用水，这时水分就会渗透到药材的组织间隙中去，从而达到使药材软化的目的。

（三）加压法

加压法与减压法的思路正好相反，是通过增大容器内的压强，从而强行把水分压入药材组织内部的方法。但是，同样可以达到很好的作用效果。

第二节　中药材切制技术

一、切制的目的

1. **便于有效成分煎出**　由于中药材本身的厚度一般都较大，所以不进行切制就不利于药效的发挥，进而影响药物的临床疗效。在切制中药材时，一般采取“质坚宜薄”“质松宜厚”的切制原则，方便药效的发挥。

2. **提高煎药质量**　中药材进行切制之后，内部组织充分地显露了出来，增加了与水等外界溶媒的接触面积，在进行药物的煎制的时候，更方便有效成分进入药液，提高对药材的利用率。

3. **煎煮方便**　中药材在进行煎煮之后，药物的体积变小了，利于选择不同的药用器具进行煎服，用药更加方便。

4. **利于炮制**　中药切制之后形成了统一的药材大小和厚薄规格，在进行炮制加热时，就十分方便火候的控制，可以使药材均匀受热。另外，如果在炮制的时候需要添加辅料，切制成片的药材也十分方便与药用辅料充分混合和吸收，可以提高炮制的效果。

5. **利于制剂**　在进行中药制剂的时候，切制后的中药材更加方便浸出汁液和粉碎成细末，所以也就方便了药物制剂，同时，也可以使中药制剂的药物性质更加稳定。

6. **利于调配和贮藏** 经过加工切制后的中药材，减小了体积，提高了洁净度，而且十分干燥，避免了霉变和药物成分的变化，方便了对药物进行合理的地区调配和贮藏。

7. **便于鉴别** 由于有的中药材的外观十分相像，那么在进行加工和使用的时候就十分容易混淆，产生不好的后果。在对药物进行切制之后，不同的药材切制成不同的特定的要求的片型，突出了药物内部的组织和结构，十分有利于药材的鉴别。

二、切片类型

在进行中药材的切制时，要根据各种中草药不同的性状特点和特定要求，来选择适宜的切片类型。

1. **薄片** 槟榔、当归、木通、乌药、白芍等质地坚硬、紧密的中药材，适合切制成薄片。

2. **厚片** 黄芪、山药、南沙参、甘草、天花粉等材质比较疏松、粉性大的中药材，适合切制厚片。

3. **直片或斜片** 为了对外形相似的药材进行区分或者为了外形的美观，可以视不同的情况切制成斜片或者直片。常见的中药有山药、何首乌、黄芪、桑枝、大黄、桂枝等。

4. **段** 对于药材本身形体细长，而药材的有效成分又十分容易煎出的中药，可以选择切制成比较长的段。常见的这类药材有荆芥、薄荷、木贼、精谷草、麻黄、益母草等。

5. **块或片** 为了方便对中药材进行酒蒸，需要进行此项操作的中药材可以切制成块或片状。

6. **丝** 荷叶、陈皮、冬瓜皮、黄柏等皮类或者宽大的叶类中药，可以切成一定宽度的丝。

三、切制方法

（一）手工切制

在机械切片产生之前，药材一直都是手工切制的，手工切制由于具有主观能动性，可以不受药材形状的限制，而且切出的片型美观、规格整齐、损耗较低，十分灵活和方便。

1. **切药刀切制** 药材手工切制时最常用的就是切药刀。切药刀由刀床、刀片、压板、控药棍、装药斗等部件组成，刀片安装在刀床架上，可以切成各种不同规格和类型的饮片。在切制时，把药材单个或者整理成把后放置在刀床上，左手握住药材向前推送，右手拿刀，抓住刀柄向下按压，即可切制成各种不同的类型。药材切制的厚薄和长短，一般由药材推送的速度来决定。

2. **锉刀切制** 钢锉一般用于在调制处方时，将质地坚硬的药材锉制成细碎的粉末。

3. **刨刀切制** 刨刀一般用于将木质坚硬的檀香、松节、苏木等药材刨成薄片，如果要使用机械刨刀，就需要提前做好药材的软化工作。

4. **劈、砍刀切制** 对于像松节和苏木等十分坚硬的木质类药材，可以使用斧头和砍刀等工具进行劈砍，使其成为方便使用的块状或者段状。

（二）机器切制

由于手工切制药材存在着劳动强度大，切片速度慢，效率低等缺陷，所以大规模的药材切制一般都使用机械来进行。目前，全国各地的切药机的类型多样，有往复式切药机、旋转式切药机、多功能切药机、多功能斜片切药机等许多类型，机械切制的生产力大，切制速度快，提高了切制的速度和效率，便于在短时间内对大宗药材进行切制处理，所以近年来在不断更新和发展。

常见的切药机都是由动力、推进、切片、厚度调节四部分组成的，但是根据药材或者切药刀具的不同运动轨迹，又可以进一步分为往复式切药机和旋转式切药机等。旋转式切药机又分为转盘式切药机和旋料是切药机。

1. **旋转式切药机** 根据刀具和药材运动的具体方式，旋转式切药机又可以进一步分为转盘式切药机和旋料式切药机两类。由于其药材切制的具体方式，所以十分适合外形偏向圆形的根茎类和果实种子类药材的切制。

（1）转盘式切药机 转盘式切药机在工作时通过电机的转动带动金属履带运动，进而把履带上的药材传送到切口处，再通过刀盘的旋转，将药材切断。机器的刀盘上一般会安装 2～3 把刀具，旋转一周就可以进行 2～3 次切制，所以比人工切制的速度快。

（2）旋料式切药机 旋料式切药机的刀片式安装在固定的刀架上的，刀架并不运动，而是通过电机的运动带动转盘，将药材直接投送到转盘内部，由于转盘是在高速旋转着的，药材就会受到离心力的作用而被抛向转盘的外圈内环，而安装在那里的推料块就会迫使药材沿着转盘的内壁做圆周运动，在药材旋转的过程中，每次经过切刀的位置就会被切下一块，直到最后被切完。

这种切药机的重量小，维修和操作方便，便于拆卸和清洗。所以使用十分广泛。

2. **往复式切药机** 往复式切药机又称剁刀式切药机，这种机器也是使用电机来带动无毒的橡胶履带或者金属履带，把履带上的药物输送到切药口处。但是它的刀片设置和转盘式切药机不同，它的刀片在电机的带动下会一直在切口处作上下往复的摆动，把药材切断。这种机器比较适合于长条形的根茎类、全草类、叶类药材的切制。

3. **多功能切药机** 多功能切药机是一种体积小、质量轻，易于搬动和携带的小型切药机器，常见于中药房使用，用于少量或者贵重药材的切制。

本机虽然较小，但是功能多样。可以用于切制各种不同的药片类型，如直片、斜片（瓜子片、柳叶片）等，在切制时，只要将药片送入不同的进药口，然后用推料手柄不断进行推进，直到药材切制完成为止。本机可用于切制各种块状类、果实类、根茎类药材。

4. **直线往复式切药机** 直线往复式切药机有其特制的送料机构，可以保证药材按照预先设定的距离和速度直线地向前移动，从而保证在输送带上直线运动的切刀可以切断药材。

直线往复式切药机可切制0.7～20毫米范围内多角形颗粒片和0.7～60毫米范围内的片、段、条等一般切片，可以不间断地连续作业，而且切口平整、片型美观规整，设备简单，维护和操作都十分简单、方便。适合于根、草、种子类中药材如灵芝、人参、麻黄、甘草、柴胡、青风藤、白术、丹皮、杜仲、红枣、黄柏、黄芪、枳壳、生（熟）地、麦冬、厚朴、独活等药材的切制。

第四章 中药材烘干方法

采收之后的中药材都呈新鲜的状态，其中包含了很多的水分，而中药材是需要加工干燥之后才可以入药使用的，所以就需要进行药材的干燥处理。

中药材的干燥是通过各种方式进行气化和蒸发，去除药材组织内部的水分，从而达到使药材干燥，便于运输和贮存的目的。常用的中药材的干燥方法有自然干燥和人工干燥两种。

第一节 自然干燥

自然干燥法是利用大自然中的太阳辐射、干燥的空气和风等自然热源促进中药材中水分的蒸发，使其达到干燥的要求。按照自然干燥的具体实施方法的不同，自然干燥又可以分为晒干、阴干和晾干（风干）三种方法。

一、晒干

晒干是一种最常用也最经济有效的方法，适用于大多数药材，但是值得注意的是，以下几类药材不得使用此法。

（1）挥发性物质　薄荷、藿香、金银花等含有挥发性的物质的药材不可以使用此法，目的是防止药物特有香气的散失。

（2）有色花类药材　大黄、黄连、红花及一些有色的花类药材也不可以使用此法，这些药材经过日光暴晒后会出现不同程度的变色和变质情况。

（3）易爆裂的药材　郁金、厚朴等经过此法晒制后会出现爆裂现象的药材不得使用此法。

所有的药材在晒干后都不能立即进行包装，而是要等药材自身的温度恢复到正常后再进行包装，目的是防止包装内部的药物温度升高，而使药物变质。

二、阴干

通常来说，凡是可以直接晒干的药材都不会使用阴干的方法，只有不可以直接进行晒干的中药材，才使用阴干的方法来进行干燥。阴干的时候要把中药材放置在通风和阴凉的地方，利用水分在空气中的自然挥发来达到使药物干燥的目的。相比于晒干，这种方法更加费时费力。所以只适用于含有挥发性成分的叶类、全草类和花类药材，如薄荷、荆芥、紫苏叶等的干燥。值得注意的是，有的药材即使是用此法进行阴干，也很容易出现皮肉分离和内枯的现象，所以必须在其干燥的过程中进行揉搓，以保证药材良好的品相，这样的药材有党参、麦冬等。

三、晾干

晾干不需要日光的直射，而是将中药材悬挂在屋檐下、晾架或者其他适合的地方，利用空气的流动和热风使药材自然干燥的方法，又可以称为风干。由于风干法对干燥阴凉的气候有一定的要求，所以常在干燥和多风的地区和季节进行。常见的可以使用此法干燥的有菊花、薄荷、紫苏、党参等。

自然干燥对设备没有要求，只要有适合晾晒干燥的药匾、席子，或者水泥地面就可以进行晾晒。但是，由于自然干燥依靠的是外界的气候条件，所以也就容易受到不良气候的影响。在药材的干燥期，要及时注意气候条件的变化，防止药材受到影响而发生霉变。在晾晒的过程中，还要适时地翻动药材，使药材的各个部位均匀受热。当药物干燥达到五六成的时候，还要及时回软和发汗，促使水分向药材内部扩散，从而使药材的干燥程度内外一致。

第二节 人工干燥

人工干燥是近年来发展起来的中药材干燥的新技术。与自然干燥的方法相比，人工干燥不受外界气候条件的影响，干燥的效率更高，更加干净卫生。

常见的干燥设备有蒸汽式、直火热风式、远红外线式、电热式、微波式等，无论哪种设备，都以能够更好地适应药材的干燥为宜。

在进行药材的人工干燥时，要注意药物温度的控制，一般的干燥温度以不超过80℃为宜，如果药材是挥发性或者具有芳香气味的，那么温度应设置为60℃。经过加工的药材虽然干燥了，但是不能马上装袋贮存，而是要等药物晾凉，否则会很容易导致药物回潮，产生变质和虫蛀现象。

一、蒸汽干燥

蒸汽干燥机在运转的时候，大量热的空气由管道输送到烘箱或烘干机内，然后再经过内部散热，使热量在烘干机内均匀地流动，达到烘干药物的目的。蒸汽干燥机构造简单，运转速度快，干燥效果良好，适合大规模发展利用。

二、热风干燥

热风干燥和蒸汽干燥的原理基本相同，它是通过把柴油、天然气、煤电、液化气等物质燃烧散发的热量，或电热丝通电散发的热量，通过鼓风机输送到烘干机或干燥箱内使药材干燥的技术。此设备同样属于小型设备，适合大规模发展利用。

三、远红外干燥

远红外干燥法不是通过使药材均匀受热而干燥，而是把电能等转化为远红外辐射能，通过用远红外辐射照射，使中药材分子吸收并引起内部的振动，中药分子受热后，内部的水分就汽化而向外散出，达到药材干燥的目的。

远红外干燥技术的干燥速度快，而且具有很好的杀菌灭菌的能力，经其干燥的药材的品质好，便于贮存和运输。同时，红红外辐射干燥的适用范围还非常大，除了可以用于普通药材的干燥之外，还可以用于中药粉末制品和含有芳香气味或挥发油的物质的干燥。

四、微波干燥

微波干燥是通过把微波能转变为热能而使潮湿的物质变得干燥的方法。由于中药材中的水分子可以在不同程度上吸收微波能量，随着电场的变化，吸收微波之后的水分子也就开始发生旋转运动，水分子内部便会相互摩擦而生热，水分便被排了出来，药材也就变得干燥了。

微波干燥技术的干燥量大，干燥速度快，药材受热均匀，干燥后的品相较好，而且，由于含水分越多的药材分子吸收的微波能量就越多，所以潮湿药材的灭菌效果也很好。

五、太阳能干燥

太阳能无疑是一种能量巨大，高度清洁无污染的能源，合理地利用太阳能进行药材的干燥，可以达到节约能源，降低污染的良好效果。同时，太阳能干燥法是在密闭的环境中进行干燥，避免了自然干燥中细菌和尘土的污染和药物干燥后阴面发黑的现象，保证了干燥药物的良好品相。但是，太阳能的密度相对较低，所以只适合于低温干燥。

第五章 中药材灭菌技术

灭菌法是指用适当的化学或者物理手段将物品中的菌类微生物杀死或除去，从而使物品中细菌的存在水平达到很低或者没有的水平。

一般来说，需要杀灭的细菌的芽孢相对具有较强的抗热能力，温度太低时不易杀灭，所以，物体灭菌应以杀灭物体的芽孢为准。

另外需要注意的是，在选用药剂进行灭菌的时候，要注意所选药剂和需要灭菌物质的性质等具体因素，防止灭菌后药物性质的改变。

无菌产品的生产不是要在生产的最后环节去进行无菌检验，而是要在整个生产的过程中采用合格的灭菌工艺，进行严格的灭菌管理，使生产过程的每个环节都是无菌进行的。当然，不同的物体进行灭菌的方法也不一样，在灭菌之前，要综合考虑需要灭菌物品的性状特点，保证灭菌方法的经济性和实用性，以及被灭菌物品的完整性。

第一节　物理灭菌法

物理灭菌法是一种通过利用菌类物质自身的核酸和蛋白质会遇热、射线而产生不稳定变化的特性，采用物理加热、电磁波照射等方法来进行细菌杀灭的技术。

1. **湿热灭菌法**　由于蒸汽具有很强的穿透能力，进入蛋白质后可以很容易使蛋白质的性质发生改变，所以湿热灭菌法主要就是利用煮沸的开水和水蒸气来杀灭微生物的。这种方法由于操作简单，作用较好，所以也是药物生产过程中利用最广泛的一种方法。

按照具体的操作方法的不同，湿热灭菌法又可以进一步分为流通蒸汽灭菌法、热压灭菌法、低温间歇灭菌法、煮沸灭菌法。在具体的操作过程中，使用哪种灭菌方法，要针对药物的具体情况来进行选择。

（1）热压灭菌法　热压灭菌器是一种在全封闭的灭菌器内，利用高压饱和的蒸汽杀灭微生物的方法。由于这种方法的灭菌能力较好，所以是所有利用热力进行灭菌的设备中应用范围最广的。

常用的热压灭菌器有直立式热压灭菌器、卧式热压灭菌器、手提式热压灭菌器等。

在灭菌的时候，一般采用121℃ 30分钟、121℃ 15分钟或116℃ 40分钟的程序。当然，视具体药物的不同性质，也可以自行设定其他的时间和温度参数，但是都必须以能够很好地杀灭物质的细菌为准。在设计和构造上，所有的热压灭菌器都有安全阀、排气口、温度计和压力表等部件。由于其属于压力设备，在使用的时候就要十分注意安全。在进行操作的时候，首先要做的是对灭菌设备进行检查，看一下设备是否完好。然后看温度计和压力表是否工作正常，安全阀是否可以正常地开启，排气设备是否正常排气。在使用之前进行这些检查都是十分必要的，因为它保证了设备在使用过程中的安全。

在对设备进行加压的时候，要首先排除设备中的冷空气。打开放气阀，直到看到有白色的蒸汽冒出来之后，这个时候就可以在设备内放置需要灭菌的物品了，当然，由于压力设备的独特性，物品在放置时要疏松地排列，以保证设备的正常运转。在对物体进行加热之前，要先进行预热，一般预热的时间以15~20分钟为好，等到容器内的全部物质都达到要求的温度后开始计时，然后维持合理的温度到预定的时间。灭菌完成之后，还要合理地进行后续工作。开始的时候要缓缓地放气，等到压力表的指针下降到零的时候，再全部放出设备内的蒸汽，从而使锅内的压力和外界的大气压保持一致。这时可以稍微打开一点灭菌锅，静置10~15分钟后，再全部打开锅盖。

目前国内生产的最新型的热压灭菌器，已实现灭菌温度与时间程序控制，并具有冷却水喷淋装置。

为了加速灭菌的进程，目前国内生产的新型灭菌设备已经设置了冷却水喷淋装置，采用喷雾水进行喷雾，可以缩短灭菌的时间。对于灭菌后需要进行干燥的物质，在灭菌之后要放出灭菌器内的蒸汽，加速干燥。

(2) 流通蒸汽灭菌法　流通蒸汽灭菌法是指利用常压下的沸水或水蒸气来进行灭菌的方法。

由于这种方法的灭菌效果不是很理想，只可以杀灭繁殖型的细菌，所以一般只作为不耐热无菌药品的辅助灭菌手段，用于1～2毫升注射剂的杀灭。

为了提高灭菌的质量，也可以在水中适量添加一些抑菌剂，保证灭菌的效果。

2. 干热灭菌法

(1) 火焰灭菌法　火焰灭菌法是一种通过火焰的直接灼烧来进行灭菌的方法，使用该方法进行灭菌，速度快，灭菌效果好，但是此法的适用范围比较窄，只适用于耐高温的物质灭菌。

(2) 干热空气灭菌法　干热空气灭菌法是利用较高的温度和干热的空气来达到灭菌的目的。由于在干燥的状态下，热能的穿透力变弱，所以使用此法一般都需要较长的时间才可以达到理想的灭菌效果。干热灭菌条件一般为160～170℃，120分钟以上；170～180℃，60分钟以上；250℃，45分钟以上。由于此法的特殊性，所以一般可以采用湿热法进行灭菌的药材都不采用此法，只有当药材无法在湿热的条件下进行灭菌时，才采用干热法。

3. 紫外线灭菌法　紫外线灭菌法是一种利用紫外线照射来达到灭菌效果的方法。经过紫外线照射，可以有效地杀死微生物的核酸蛋白，并且可以使空气中产生微量的臭氧，有利于灭菌的进行。实验测定认为，可以有效杀灭细菌的紫外线的波长范围为200～300纳米，其中又以波长为254纳米的紫外线灭菌力最强。

但是由于紫外线的穿透能力很弱，所以此法只适用于具有疏松表面的物质的灭菌，而不能用于药液及固体药剂的灭菌。同时，玻璃制品也可以在一定程度上吸收紫外线，所以玻璃瓶装的药液不可以使用此法灭菌。紫外线法灭菌对于外界的条件具有一定的要求，温度 10～55℃，相对湿度 45%～60%。在进行灭菌操作时，一般在 6～15 平方米的空间装 30 瓦紫外灯一只，灯距地面 1.8～2.0 米。只有按照最适的灭菌要求进行，才可以达到最佳的灭菌效果。

4. **微波灭菌法** 微波灭菌法是一种利用频率在 300～300000 兆赫的电磁波来进行灭菌的方法。

微波的穿透力十分强，而且可以很迅速地被水吸收，从而使含有水分的药物实现高速地转动，产生热效应，达到杀菌的效果。

此法可以使物质快速升温，加热均匀，灭菌的效果迅速而十分可靠。但是由于微波必须通过水分而发生作用，所以仅适应于具有一定水分的物质的灭菌。

第二节 化学气体灭菌法

化学灭菌法是用化学物品作用于微生物，通过使其核酸蛋白与生物酶结合，从而影响细菌代谢的灭菌方法。

在化学灭菌的过程中要使用一些化学药品，这些化学药品称为杀菌剂。但是杀菌剂并不可以完全地杀死微生物的芽孢，而是只对微生物的繁殖体有效。

气体灭菌法是指利用可以产生气体或蒸汽的化学药品来进行微生物杀灭的方法。在使用气体进行灭菌的时候，要注意气体本身的可燃可爆性和对药物的影响。

环氧乙烷是一种常用的气体灭菌剂。它的沸点很低，仅为 10.9℃，这种气体具有可燃性，与空气混合的含量达到 3.0% 时就可以发生爆炸。所以在使用的时候，一般都是和 80%～90% 的惰性气体混合后才可以在高压腔室内使用。

环氧乙烷的最佳灭菌条件是温度（54±10)℃，相对湿度60%±10%，灭菌时间90分钟。在灭菌前要进行灭菌腔体的泄漏试验，确定不漏气后才可以用来灭菌。

90%二氧化碳或88%氟利昂混合使用，在充有灭菌气体的环境进行。本法可用于医疗器械、塑料制品等不能采用高温灭菌的物品灭菌。含氯的物品及能吸附环氧乙烷的物品则不宜使用本法灭菌。

在灭菌的时候，要先将灭菌腔抽成真空状态，然后通入适量的蒸汽，使灭菌腔内达到预定的温湿度的数值。然后才可以通入经过过滤和预热的环氧乙烷气体。在灭菌的过程中，要对灭菌器进行实时的监控，保证压力、温湿度、灭菌时间等的正常。

在灭菌之后，由于大部分物质中都会有环氧乙烷的残留物质，所以应该快速用新鲜的空气来进行置换，尽量减少其中的药物残留。在进行整个操作时，都要防止其不慎进入眼睛，防止造成水疱和结膜炎。

下篇
中药材炮制技术

第一章 中药炮制概述

第一节 中药炮制的目的

中药材采收于自然界中，有的质地坚硬，影响药效的发挥，有的杂质较多，影响药物的调配，有的非药用部位所占的比重很大，影响临床药效的发挥。有的本身含有有毒物质，必须经过一定的处理才可以入药使用。正是基于此，才需要对中草药进行炮制。中草药炮制的目的一般分为以下几个方面。

一、降低或消除药物的毒性或不良反应

中药是治病救人的良药，但是如果使用不当也会导致药物中毒。导致药物中毒的主要原因是有些药物本身的毒不良反应，通过炮制处理后，可以很好地降低药物的毒不良反应，充分发挥其疗效。

（一）降低或消除药物的毒性

在进行中药的炮制时，根据药物的独特性质来选择具体的炮制方法，可以很好地降低药物的毒性。目前使用的降低药物毒性的方

法主要有三种。

1. **降低药物有毒成分的含量** 这种方法主要适用于药物的有毒成分也是有效成分的时候。如在对斑蝥进行处理的时候，如果采用米炒的办法，就可以很好地降低其中斑蝥素的含量，减少药物的毒副作用。在对朱砂进行炮制的时候，采用水飞法可以使可溶性汞盐大部分溶解在水中，保证药物的使用效果。

2. **使药物的毒性成分发生改变** 如乌头含有毒性极强的双酯型乌头碱，不经处理是不可以入药的，但是将其用水泡透，然后再进行蒸或者煮之后，其有毒成分就发生了转化，降低了它的毒性。

蓖麻子、耳子、相思子等部分种子类作物中也含有有毒副作用的蛋白，但是经过加热处理后，蛋白的性质发生了改变，降低了药物含毒量。

3. **利用炮制辅料降低药物毒性** 常见的有半夏、天南星、芫花、附子等。

（二）降低药物的不良反应

柏子仁具有润肠通便、安心宁神的药效，但是同时也会产生腹泻和呕吐的不良反应，将其制成霜后可以在一定程度上消除药物的不良反应，用于失眠健忘、心神不宁的患者的治疗。

槟榔具有消积利胃、行水利气的作用，但是同时会伴发腹泻、恶心等肠胃疾病，经过炒作后其不良反应大大降低，达到了很好的使用疗效。

二、增强药物疗效

受药物自身形态和性状等的影响，有的药物虽然含有很高的药物成分，但是利用率低，难以达到快速起效的目的。除了通过和其他药物配伍来提高临床治疗的效果外，我们还可以通过对药物进行炮制的方法来提高药物的治疗效果。

通过合适的炮制，药物所含的活性物质更加容易溶出，而且可以有效地促进身体对有效成分的吸收，从而增强药物的疗效。

明代《医宗粹言》提到："决明子、莱菔子、芥子、苏子、韭子、青葙子，凡药用子者俱要炒过，入药方得味出。"种子类的药材之所以只有经过炒制后才可以提高药物的疗效，主要就在于大多数的种子类中药都有厚厚的外壳，如果不把外壳炒到爆裂，就很难使其中的有效成分析出。

药物加辅料进行炮制后，可以使辅料和药物之间产生协同作用，进而增强药物的疗效。款冬花、紫菀止咳类药物经过蜜后可以增强润肺止咳的作用，天南星用胆汁炙后可以增强镇痉作用，甘草制黄连可使黄连抑菌效力提高数倍。由此可见，选择合适的辅料和方法来进行药物的炮制，一般都可以取得很好的疗效。

三、改变或增强药物作用的趋向

中药材具有不同的特质，也就具有升、降、浮、沉等不同的作用趋向，经过炮制后，可以在一定程度上改变药物的作用趋向，满足临床治疗的实际需要。

龙胆味苦性寒，具有清热、泻火、燥湿的功能，经过酒炙之后，提升了药物的药力，并且改变了药物的作用趋向，用于治疗肝火过旺导致的耳鸣耳聋，风热目赤肿痛以及头胀头痛等。

炮制不仅可以改变药物的作用趋向，同时也可以增强药物在同一方向的作用，如续断原本就具有增强筋骨、补肝补肾的功能，经过盐炙之后，药物成分更加易于下行，更有利于增强腰膝。

四、改变药物作用的部位

炮制还可以使药物的作用部位发生改变。生诃子具有很好的利于咽喉的作用，用于治疗肺虚久嗽，咽痛失音。经过炮制之后，药物的涩敛之性增强，使药物具备了很好的涩肠止泻的功效，就可以用于老人久泻久痢及脱肛症的临床治疗。

有些药物的作用方向多样，服用后疗效不单一，起不到很好的治疗效果。为了控制药物作用于某一特定的身体部位，可以对其进行炮制。

柴胡、香附等都是作用方式多样的药物，经醋炙后，限制了其他方面的作用，使药物作用于肝脏的经脉，所以可以很好地治疗肝脏类的疾病。橘核、小茴香、益智仁等经过盐炙后，有助于药物集中地作用于肾脏，发挥其治疗肾脏疾病的作用。

五、利于调、制剂和有效成分的煎出

有些中药材的质地坚硬，坚固的材质极大地影响药物的制剂和入药，所以要进行炮制。炮制之后，种子类的药物脱去了种壳，方便了药物有效成分的煎出，药物进行切片也是这个道理。

六、利于服用

由于各种中药材的材质不同，有的中草药在服用的时候会有明显的臭味，影响药物的服用，引起人不自觉地恶心和呕吐，不仅会造成药物的浪费，也不利于药效的发挥。

本着方便服用的原则，常常采用炮制的方法来矫正药物的臭味，常用的方法有醋炙、麸炒、酒炙、炒黄、蜜炙、水漂等。五灵脂的臭味需要通过醋炙来消除，紫河车的腥味需要通过酒蒸去除。

中药材的品种繁多，药物的作用方式和药效又不同，所以炮制的办法也依药而异。中药炮制的目的也不是孤立的，一种炮制方法可能会兼有多方面的功效，而如果采用不同的炮制方法，同一种药物也会具有不同的疗效。在进行具体的炮制操作时，要十分注意药物和炮制之间的关系，合理地选用炮制方法。

第二节　中药炮制方法分类

一、雷公炮制十七法

明代缪希雍在《炮炙大法》通过对当时的炮制方法进行总结，提出了炮制的是其中办法，它们分别是炮、雌、煿、炙、煨、炒、煅、炼、制、度、飞、伏、镑、搬、煞、曝、露。

这就是后世所说的炮制的十七种方法。现代以来，随着中药炮制技术的不断发展，原始的炮制十七法理论早已难以适应日益多样化的中药加工需求，所以这种分类方法也就慢慢淡出了人们的视野。

二、三类分类法

三类分类法是由明代的陈嘉谟在《本草蒙筌》著作中总结归纳出来的炮制方法分类，主要包括水制、火制、水火共制。这种分类方法大致反映了中药炮制的总的方法和工艺技术要求。

三、本草学分类法

中药炮制的主体是中草药，而中草药又都是具有各自的本草学特点的，受中药炮制历史的影响，形成了中药炮制方法的本草学分类法。中药炮制的草本学分类具有悠久的历史和沿袭。

明代《炮炙大法》采用与《本草纲目》相类似的分类方法，按照药物的来源不同而把药物分为金、草、木、水、石、火、果等类，属于草本学的范畴。

现在制订的中药炮制规范，也还是大多数以药物的药用部位来进行划分，如根及根茎类、花类、全草类、种子类等。

四、药物来源分类

按照药物来源分类的方法和药物的本草学分类法具有十分相似的地方。这种分类方法是从宋代《证类本草》和《太平惠民和剂局方》，明代《炮炙大法》和《本草纲目》开始的。在这四本书中，都把药物按照其来源分为了草、木、金、石、果、禽、火、水、兽、虫等类。

此种方法虽然十分便于按照药材的种类来查阅具体的炮制方法，但是无法体现出药材炮制工艺的系统性。

五、工艺辅料分类

按照炮制的工艺和辅料进行分类的方法，突出了炮制的特点，把整个炮制技术按照总纲细目的方式串联了起来，便于分类介绍各种工艺方法的优点和适用范围，也便于突出辅料对于中药材炮制的重要作用。

第三节 炮制对药物性质的影响

一、对四气五味的影响

四气五味是医药工作者们经过长期的临床实践总结出来的中药

材的基本性能之一，正是由于中药材具有不同的气和味，所以才具有各种不同的药用疗效。在中药的炮制过程中，常常通过对药物性味的影响，达到临床需要的治疗效果。

炮制对于药物性味的影响大致可以分为三种情况：

一是通过“反制”来缓和药物的药性，达到温补的功效。栀子直接服用过分苦寒，在用辛热的姜汁炙后，可以达到温和中补的功效。

二是“从制”，即通过炮制增强药物某一方面的疗效，使其达到预期的效果。如胆汁和黄连都是十分苦的东西，把它们放在一起炮制后，更增加了黄连的苦寒之性。另一个例子就是酒炙仙茅，这两样东西都质热，放在一起炮制后热者益热，增强了仙茅补肾壮阳的功效。

三是通过炮制扩大药物的使用范围。如用胆汁炙天南星后，其性味由温和转为苦凉，具有了清热化痰的功效。

二、对中药升降浮沉的影响

升降浮沉是中药特有的药物机理，是指药物在人体中的作用趋向。药物的升降浮沉和药物自身的性状有着直接的关系，但是同时会受到药物炮制的影响。炮制改变了药物的性味和质地，也就改变了药物的作用趋向。对于具有多个作用趋向的药物来说，炮制的影响就更大，更明显。

莱菔子是一种具有多重作用趋向的药物，生的时候以升为主，适于治疗涌吐风痰；炒制之后药物的趋向以下降为主，更适合于治疗降气化痰，消食除胀。

《本草纲目》云：“升者引之以咸寒，则沉而直达下焦；沉者引之以酒，则浮而上至巅顶。”意思是说，药物的作用趋向不是一成不变的，通过采用不同的炮制方法，可以达到改变药物药性的目的。原来的药性呈上升趋势的，就用性寒的物品来引制，药物的药性就会直线下沉，药物的药性是下沉的，就可以用酒来进行引制，药物的药性就会趋向上升。黄柏原来只主降，对于下行的湿热有很好的清除作用，经过酒炙之后，同时具有了上升的作用趋向。

一般药物的作用趋向都是生升熟降，但是个别的也有生降熟升的。经过酒炒后一般药物的性升，姜汁炒后作用趋散，醋炒后能收敛药效，盐水炒后则向下行走。这是各种辅料炒制的一般作用趋向，虽然不一定适用于每一种药物，但至少说明了药物的作用趋向是可以通过炮制而改变的。

三、对归经的影响

经指的是人体的经脉。药物归经是指各种药物在服用后都会选择性地作用于人体的特定的脏腑和经络，而不会均匀地作用于全部器官。药物自身对于器官具有选择性，生姜能入肺经，所以具有发汗解表的功能，又能入胃经，所以可以和胃止呕。

中药炮制技术正是具有药物的这个特点，并且在其基础上增加或者转移这种选择性，从而达到特定的治疗效果。

各种不同的炮制辅料也可以通过与药物之间的作用来改变药物的作用部位。如经过蜜炙后的药材大多容易进入脾经，经过盐炙的容易进入肾经，而经过醋炙的则容易如肝经。在临床治疗时，为了更好地发挥药物的作用，就要采用不同的方式来进行炮制，从而达到促进药物归经的目的。

四、对中药毒性的影响

由于药物在治疗疾病的同时也会对人体产生一些不良的影响，

所以人们普遍认为药都是具有毒性的。这里的毒并不是毒药，而是药物的不良偏性。

中药产生毒副作用的情况是多种多样的，有的是药物在加工时没有去掉无用的根茎等物质，致使制成的药物含有有害物质而产生毒副作用，有的是药物本身就具有毒性，有的是药物在与其他药物配合使用的时候发生了药物之间的不良反应而导致中毒。无论是哪种情况，我们都要尽可能地采取措施降低药物的毒副作用，保证其良好的治疗效果。

炮制的目的是降低药物在正常使用剂量下对人体的伤害。其具体的做法有三种：①使毒性成分发生改变，转化为其他物质。适用于川乌、草乌等药材。②使毒性成分含量减少，降低到对人体无害或危害较小的程度，适用于巴豆、干漆等。③加入具解毒作用的辅料，如醋、石灰、明矾、甘草、生姜、黑豆等。如可以用白矾炙天南星、半夏，降低其毒副作用。除了采用加辅料的方式去毒之外，水飞、加热、净制、制霜、加辅料处理、水漂洗、去油等方法都可以很好地清除药物的毒性。无论使用什么方法，都要注意去毒和保存药物疗效要两者兼重，不可以顾此失彼。

五、对中药补泻的影响

补泻是中药对人体的两种作用方式，根据所患疾病的虚实而采取不同的用药方式，能够更好地作用于致病部位，达到治疗的目的。中药学认为，凡是具有固本、扶正、温补体虚作用的称为补药，凡是具有攻积、泻实、驱邪作用的称为泻药。

中药生品大部分性属寒凉，经过炮制或与辅料混炙后，药性就偏向甘润温和，在药物的作用上，也就更加利于补益。如何首乌生用可以清热通便，加黑豆汁蒸炖后则有温补肝脏、固须发的作用。

而且一般来说，温补的药材适用范围更大，对于体质弱、气虚的人群来说，就只能使用温补的药材来进行调养。

总之，炮制对药物的影响是多方面的，在进行药物的炮制时，一定要综合考虑其自身特点和临床的药用需求。

第四节 炮制辅料分类

炮制辅料是指在进行药物炮制的时候添加的辅助性的材料，辅料的作用各不相同，一般起到增强主药疗效、降低毒性或者影响药物的自身性质的作用。根据药用辅料性质的不同，通常可以分为液体辅料和固体辅料两类。

一、液体辅料

（一）酒

从古到今，人们对于酒有不同的称呼，仅我们现在知道的就有醣、酎、盎、醇、醴、醑、清酒、酿、醅、粳酒、美酒、无灰酒、有灰酒等。古代用于中药炮制的酒一般都是黄酒，又称为米酒、清酒。元代的时候也用过烧酒。现代进行酒炙时一般使用黄酒。

黄酒是一种用麦、黍、米等曲酿而成的酒，其中的乙醇含量为15%～20%，并且含有少量的酯类、氨基酸、糖类、矿物质等成分。优质的黄酒应呈深褐色或者橙黄色，闻起来浓郁醇香，没有特殊的异味。

白酒是由薯类、米、高粱、麦、黍等曲酿后蒸馏而成的，乙醇的含量比黄酒要高，一般为50%～60%，除此之外，还含有一些醛类、脂类、有机酸类物质。白酒看起来要清亮透明，没有悬浮和沉淀的物质，闻起来有乙酸乙酯的独特香味。

酒一般都具有辛甘、大热的性状，具有祛风散寒、活血化瘀的作用。药物经酒炙之后，可以驱除药物的臭味，并且有助于药物有效成分的溶解。

在中药炮制过程中，酒经常用作蒸煮炙的辅料，黄芩、黄连、大黄、白芍、续断、当归等药物都可以酒炙。

（二）醋

醋自古就有，但是人们对它的称呼不同，古代人习惯把醋称为酢、醯、苦酒。醋有很多不同的分类，分别是麦醋、米醋、化学醋、曲醋等，但是在用于中药炮制的时候，一般多使用食用醋和性质更佳的陈醋，而不可以使用化学合成的醋酸。

醋是用麦子、米、高粱和酒糟酿制而成的，它的主要成分是醋酸，而醋酸具有促使药物中处于游离状态的生物碱类物质结合成盐，增强药物溶解度的作用。

醋炙后的药物一般都是进入肝脏的经脉，如三棱、乳香经醋炙后可以增强其活血、散瘀、止痛的作用，香附、柴胡醋炙后可以增强疏肝止痛的作用。

（三）蜂蜜

蜂蜜是由蜜蜂采集百花的蜜粉而制成的，所以成分比较复杂，常见的蜂蜜品种中以枣花蜜、荔枝蜜、紫云英蜜的质量最佳。

由于蜂蜜的具体蜜源难以确定，所以其化学组成差异很大，难以一概而论。但是其主要成分为果糖和葡萄糖，占蜂蜜总量的70%，除此之外，一般还会含有少量的麦芽糖、矿物质、酶类、氨基酸和维生素类物质。

对于优质蜂蜜的鉴定一般都有一定的要求。优质蜂蜜应该是带有一定的光泽的、半透明的浓稠的液体，气味芳香、味道极其甘甜、没有不良的气味。在室温条件下，相对密度在 1.349 以上。水分含量不得高于25%，不得含有淀粉和糊精，还原糖不少于64%，蔗糖不高于8%。

为了达到更好的炮制目的，中药炮制一般使用的都是炼蜜，即熟蜜。将生蜜加适量的水煮沸，过滤掉杂质后浓缩而成。熟制后的蜂蜜改变了生蜂蜜性凉的特点，而是转为甘润温和，所以可以达到平和补中、润燥去急、止痛除臭的作用。

一般情况下，紫菀、百部、甘草、白前、枇杷叶、麻黄、百合、桂枝、马兜铃、款冬花等药物的炮制经常会用到蜂蜜。

（四）生姜汁

生姜汁是用鲜嫩的姜的根茎捣碎后取得的汁液，主要的成分是姜辣素和挥发油类物质，此外还有少量的淀粉、树脂状物质和氨基酸等。

姜汁辛辣，具有很大的热性，生食可以散寒、温补、发热。用姜汁炙药物后，可以抑制药物中固有的寒性，降低人体对寒凉之物的不适应性，增强药物的疗效，降低毒副作用。在临床上经常用姜炙的药物有草果、半夏、黄连、厚朴、竹茹等。

（五）食盐水

食盐水是由食用盐加入少量的水溶化，经过滤而得的无色澄明的液体，其主要成分是氯化钠，微量成分有硫酸镁、硫酸钙、氯化镁等。用来配制食盐水的食用盐要具有较好的质量，白色、无杂物，味咸、无苦涩味，无异臭。其中各种成分的含量也有一定的标准，如要求氯化钠含量≥96%、硫酸盐≤2%、镁≤2%、砷≤0.5毫克/千克、铅≤1毫克/千克、氟≤5毫克/千克、钡≤20毫克/千克。

食盐具有散结清热、强筋健骨、凉血解毒、矫味除臭的作用，在中药的炮制过程中，经常用到食盐的有小茴香、杜仲、巴戟天、橘核、菟丝子、车前子、砂仁等。

（六）甘草汁

甘草汁是由甘草饮片煎煮去渣后得到的一种颜色呈黄棕色到深棕色不等的液体，其主要成分是甘草苷、还原糖、甘草甜素、淀粉及胶类物质等。

甘草的药性平和、温缓、具有祛痰止咳、清热解毒、补脾益气的作用。在与中药材进行炮制之后，可以降低药物的固有毒性，缓和药物的偏激之性，所以是一种很好的药用辅料。

苦甘草能解山豆根、丁公藤、毒蕈、楝皮的毒，能降低呋喃坦啶、链霉素的毒副作用。还对抗癌药农吉利、喜树碱有解毒增效作用。实验证明，甘草之所以能对食物中毒、药物中毒以及体内代谢物质中毒具有很好的作用，主要是因为甘草在进入人体后可以分解产生一种叫作甘草甜素的物质，这种物质经水解后可以生成葡萄糖糠醛酸，生成的产物再与羟基或羧基的毒物发生反应，产生一种不易在体内被吸收的产物，这样，有毒的物质会随尿液排出体外。

此外，甘草甜素同时还具有类似肾上腺皮质激素的作用，在化合解毒的同时，还在一定程度上增强了肝脏自身的解毒功能，这也就促进了毒物的排出。

除了解毒的功效之外，甘草还是一种很好的活性剂，在与药物进行调制的过程中，可以增加难溶物质的溶解度，提高药物的溶解速率，所以在中药的炮制和调和过程中，都会经常用到甘草。常见的可以用甘草来进行调制的药物有半夏、远志、吴茱萸等。

（七）黑豆汁

黑豆汁是黑大豆煎煮去渣而得的一种浑浊的黑色溶液，其中含有丰富的脂肪、维生素、蛋白质和淀粉等物质。

黑豆的性质温和，食用可以驱风解毒、活血利水、滋补肝肾。入药使用可以减少或降低药物的毒副作用，增强药物的疗效，常用于何首乌的调制。

（八）胆汁

胆汁一般提取于猪牛羊体内，呈绿褐色，有轻微的黏性，色泽透明，有特殊的臭味。胆汁的主要成分为胆色素、黏蛋白、胆酸钠以及一部分无机盐和脂类物质。和黄连相似，胆汁味极苦、药性十分寒凉、具有利胆通肠、润燥消毒的药效，常用于胆南星的炮制。

（九）米泔水

米泔水又称“米二泔”，是在第二次淘米的时候滤出的灰白色的浑浊液体，其主要的有效成分是维生素和淀粉，因为米泔水无法长期存放，容易腐败变质，所以大多在使用之前才进行收集。

米泔水性质寒凉，具有益气除烦、清凉止渴的作用。米泔水对油脂类物质的吸附作用很强，所以常用来浸泡含油脂较多的物质，降低药物的辛燥之性。常用于白术、苍术的漂制。

（十）麻油

麻油是由芝麻的种子干燥后采用冷压或者热压的方法压榨而成的油脂，其主要含有芝麻素、亚油酸甘油酯等。

麻油的性质微寒、具有清热润燥的作用，加上其具有很高的沸点，所以一般用来炮制马钱子等质地坚硬的中药，达到使其酥软的目的。

（十一）羊脂油

羊脂油是一种用山羊的脂肪低温熬制而成的油脂，主要含有饱和和不饱和的脂肪酸类物质，皂化值 192～195。羊脂油性质平和、能驱风润燥、补气助壮。常用于淫羊藿的调制。

二、固体辅料

（一）麦麸

麦麸是小麦的褐黄色的种皮，主要含有蛋白质、淀粉和维生素类物质。麦麸的性质甘和平淡，具有中和温补的作用。

麦麸与药物共制可以吸附药物的油脂类物质，矫除药物的气味，常用于僵蚕、枳壳、白术、苍术、枳实、葛根等的炮制。

（二）豆腐

豆腐是用大豆的种子经过粉碎和特殊加工处理而成的乳白色的固体物质，主要含有维生素、蛋白质、淀粉等营养物质。豆腐的味道甘美，品性寒凉、生食可以清热解毒、生津润燥，加入药物中进行调制时，豆腐可以吸收药物中的杂质和污物，降低药物毒性，常用于珍珠、藤黄、硫黄等药物的炮制。

（三）白矾

白帆又称为明矾，是用硫酸盐类矿物明矾石经过加工提炼后产生的形状不规则的块状结晶体。白矾是透明或半透明的，没有颜色，具有玻璃样的色泽，质地坚硬，味道酸涩，可以很好地溶解在水中。白矾性酸寒、具有收敛降噪、防腐解毒的良好药效，常用于炮制半夏、天南星等。

（四）土

在中药炮制的时候，灶心土也是一种良好的药用辅料，灶心土是黑褐色的，呈焦土状，闻起来有烟熏的气味，主要含有钙盐、硅酸盐和多种碱性氧化物质。

灶心土的性质温和，可以止呕、止血、止泻，与药物炮制后可以降低药物的刺激性，增强药物的治疗效果，常用于当归、山药、白术的炮制。

（五）滑石粉

滑石是一种硅酸盐类的矿物质，滑石粉就是由这种物质经过挑选、净化、粉碎和干燥而成的细碎粉末，主要成分是硅酸镁。

滑石粉是一种类白色的无沙性细微粉末，无味，用手摸起来有一种滑腻的感觉。

滑石粉的性质微寒，具有解暑利尿的作用，在中药炮制的时候加入少许，可以使药物受热均匀，保证药物的炮制疗效。

（六）蛤粉

蛤粉是文蛤或青蛤的贝壳粉碎后制成的白色粉末状物质，主要成分是碳酸钙。蛤粉味道咸寒，具有清热化痰、除湿去热的作用，在与药物共制的时候，可以去除药物的腥味，减少不良反应。常见的是用于烫制阿胶。

（七）米

米是水稻的种子，主要含有蛋白质、脂肪、淀粉和矿物质等有效成分。稻米的性味甘和，可以除烦止渴、补气益中，与药物共制之后，可以降低药物的毒副作用，增强药物疗效。当然，有时用大米和糯米也可以达到这样的疗效。斑蝥、党参、红娘子等常用此法炮制。

（八）河砂

河砂作为中药炮制的中间传热体，都是筛取粒度均匀的河砂，剔除泥土和杂质后备用的。河砂炮制具有许多好处，它可以迅速地传导热量，保证坚硬的药物均匀地受热，变得松脆，方便有效成分的煎出。同时，它还可以破坏药物的毒性物质，进而降低药用植物的毒性，常用于马钱子、骨碎补的炒制。

（九）朱砂

朱砂主要是用矿物辰砂族物质辰砂经过加水研磨或水飞后的细碎粉末。朱砂的性质甘、寒，具有安神、镇惊、解毒的功效。常用朱砂拌制的药物有茯苓、茯神、麦冬、远志等。

第二章 炒法

将经过净选或切制的药物，放在经过适度预热的容器内，加入或者不加辅料，连续加热并不断搅拌，使其达到规定的要求的炮制方法，称为炒法。

炒法是中药炮制技术中一项历史十分悠久的加工方法，在汉代就有了关于露蜂房的炒制的记录，到了唐代以后，开始广泛地用于药物的炮制，并且根据不同药物的特点发展出了微炒、炒出汗、炒香、炒黄、炒熟、炒焦、炒黑之分。

而在炒制药物时加入适当的辅料的做法则是在宋代以后才得到广泛地应用，并根据不加和加辅料而分为清炒法和加辅料炒法，清炒法中依加热程度的不同，分为炒黄、炒焦和炒炭。加辅料炒法根据所加辅料的不同，分为麸炒、米炒、土炒、砂炒、蛤粉炒和滑石粉炒等法。

在中药的炒制过程中，火力的控制和火候的掌握是两大关键要素。依据不同药物性质的差异和对炒制的适应性，所用的炒制方法也不相同。

按照所用热源释放出来的热能的大小不同，火力一般可以分为文火、中火、武火和文武火。文火是小火，中火是稍大的火，武火是大火或者强火，文武火则是先用文火，后用武火，或者交替地使用文火和武火。火候则包括药物的加热程度和导致药物性状的改变两个方面，具体指炒药前锅的预热温度，炒制时的火力和时间长短，以及炒制后药物的色香味等各个方面的情况。

在具体的生产实践中，炒法可以手工炒制也可以用机械进行。一般来说，手工炒制仅适用于少量药物的加工，不适合大规模的机械化生产。在手工炒制的时候，先将锅预热到所需的温度，然后投入经过分档的药物，迅速地进行搅拌，等药物达到炒制要求后取出，放凉后合理贮存。

在进行机械炒制的时候经常使用的有平锅式炒药机和滚筒式炒药机两种，其中前一种只用于种子类药物的炒制，而后一种的使用范围则相对较大，是目前机械炒制的主流机型。

该机器采用气或者油作为燃料，经过高温燃烧后为炒制提供热量。整机有一个圆柱形的金属滚筒，此筒的一端封闭，一般可以向外散热，滚筒外是经过加热的炉膛，炉膛燃烧产热后将热量传导入滚筒，再由滚筒传递给药物，从而实现对药物的炒制。

20 世纪 90 年代，炒药机向着微机程控的方向发展，研制出了可以自动进行定量投药，自动控制炒制温度，自动出料的炒药机。

第一节　清炒技术

一、炒黄法

炒黄又称微炒，是指将经过净选或切制的药物，放在已经预热的炒制容器内，用文火或者武火加热至药物的表面颜色变黄或者加深，或者微带焦斑、发泡鼓起，并溢出药物固有气味的方法。

（一）目的

①加强药物的疗效，适用于芥子、王不留行等。

②改变或缓和药物的性质，适用于葶苈子、莱菔子、牛蒡子等。

③降低或消除药物的毒副作用，适用于苍耳子、白果、火麻仁、牵牛子等。

④除掉药物的臭味，如九香虫。

（二）方法

首先要对用来炒制药材的容器进行预热处理，使其达到一定的温度要求，然后将药材投入其中，均匀地翻炒，直到药物达到要求的炒制程度时取出。将炒制后的药材在室温中晾一会儿，待其凉到一定的温度时，筛去灰尘，及时地包装储存。

炒黄操作中药根据药物的性状、质地掌握适度的预热温度，投药的量以占炒制容器的一半左右为宜，翻动时要力求均匀，药物的炒制程度一般是通过与生品对比，从形、色、气、味、质、声的变化中，通过形体鼓起、颜色加深、香气溢出、质地松脆等方面，掌握炒制火候。达到要求时，要迅速取出，晾凉，及时包装储存。

（三）注意事项

①炒制时要根据药物的性状、质地等掌握适宜的预热温度。

②放入炒制容器的药材的量以占容器的一半为宜，不要太多。

③药物炒制的火候要适当，要炒到药物黄而不焦。可以通过与生品的对比来选择合适的炒制时间。

④炒制时要均匀地搅拌，炒制好后要及时出锅。

（四）适用对象

由于果实和种子类药物的壳一般都比较硬，不易入药，所以大多数需要先炒黄后再入药，常见的有王不留行、芥子、葶苈子、决明子、莱菔子等。

二、炒焦技术

将经过净选或切制的药物放在经过预热的容器内，用适当的火候炒到药物的表面呈焦黄色或焦褐色，药物内部颜色加深，具有焦香的气味为止。

（一）目的

①传统说法认为，药物炒焦可以消食健脾。

②改变或缓和药物的药性。一般认为，经过炒焦之后，可以使药物的药性变得缓和，减少对于人体的不良反应。

③川楝子、焦栀子生的时候都有毒性，经过炒制后毒性和不良反应降低了。

（二）方法

按照药材的形态大小，放置到经过预热处理的炒制容器内，用大火或中火炒制并注意不断翻动，直到药材的表面呈焦黄色或者更深的焦褐色，内部颜色也变深，闻起来有一股焦香之气时结束炒制。

（三）注意事项

①先进行容器的预热。

②根据药物的特性掌握不同的药物火候，要使炒制后的药物焦

而不黑。

（四）适用对象

炒焦的中药材具有健脾胃、消食的疗效，所以常用来炮制槟榔、山楂、麦芽等。

三、炒炭技术

炒炭是指将经过净选或切制的药物，放在经过适度预热的炒制容器内，用武火或中火加热到药物的表面呈焦黑色或焦褐色，内部变为焦黄色、棕黄色或棕褐色的方法。

（一）目的

①使药物产生或增强其固有的止血作用。止血作用的加强主要是通过增强蒲黄炭等药物的“涩”味，减少地榆炭、侧柏叶炭、茜草炭等药物炒制后的止血时间，增加槐花炭等药物的鞣质含量来实现的。

②使药物产生或增强药物的止痢止泻作用，如地榆炭。

（二）方法

把净选和切制好的药物按照大小分档的原则放在经过预热的炒至容器内，用武火炒至药物的表面焦黑、内部焦黄时停止，然后在药材上喷淋少量的清水，取出晾干。药物的具体炒制时间要视药物的具体要求来定，不可一概而论。

（三）注意事项

由于炮制的过程中使用的是武火，所以容易产生火星，甚至燃烧，在炮制的过程中要合理地掌握药物的炮制程度，要炒制到药物碳化，而不是灰化。虽然炒制后的药物的外表焦黑如炭，但是仍然要保留药物的固有性质，不可以因炒制而使药物失去药性。另外，经过炮制的药物要等到没有余热的时候才可以收藏保存。

第二节　加辅料炒法

炮制辅料是指在进行炮制的过程中使用的具有辅助作用的附加用料。它或者增加药物的疗效，或者降低药物的毒性，或者缓和药物的偏性，或者影响药物的理化性质等。

将经过净选和切制的药物与一定量的固体辅料一起炒制的方法称为加辅料炒法，因为所加的辅料是固体物质，所以又可以称为加固体辅料炒法。

加入药物中的固体辅料一般都具有保证药物受热均匀的传热作用，有时也用于矫除药物的不良色味。

一般中药炮制常用的加辅料炒法分别有麸炒、米炒、土炒、砂炒、滑石粉炒、蛤粉炒等，其中后三种炒法在炒制的时候用的辅料较多，而且温度相对较高，所以又称为砂烫、蛤粉烫和滑石粉烫。

一、麸炒法

麦麸为小麦的种皮，味甘性平，具有和中健脾之功效。将经过净制或切制的药物用麦麸进行熏炒的方法称为麸炒法。又有人称为麦麸炒或麸皮炒。

麸炒法又可以分为两类，用净麦麸炒制的方法称为净麸炒或清麸炒，用经过蜂蜜或红糖熬制的麦麸炒药的方法称为蜜麸炒或糖麸炒。

（一）目的

①增强白术、山药等药物的疗效。

②缓和仓术等药效强劲的药物的药性。

③矫除具有特殊异味的药物的味道。

（二）方法

先用中火或武火把炒制容器预热到适宜的温度，然后均匀地撒入麦麸，等到麦麸炒到起烟的时候，再将净制后的药物投入锅中，保持合适的火候，炒制药物的表面呈黄色或深黄色，然后出锅，筛去多余的麦麸，把药物放凉储存。在炒制的时候，要注意药物和麦麸的用量比例，一般是每100千克药物，用麦麸10～15千克。

（三）注意事项

①用麦麸进行炒制的药物要十分干燥，防止在炒制的时候药物黏附在焦化的麸皮上，不利于清除。

②麸炒的火候要控制好，一般使用中火，并且要保持火力的均匀。火力太小，炒制程度不够，达不到熏炒的要求，火力太大，则会使药物出现焦煳影响药效。

③在进行炒制容器的预热时，要先保证容器预热到了可以“麸下烟起”的程度，然后再均匀地将麸皮撒到容器内，不可过早或过晚。

④在炒制的过程中，对药物的翻动要具有一定的频率和规律性，防止炒制后的药物颜色不均。

⑤待炒到合适的程度时，要及时地将药物出锅，然后筛去不需要的麸皮，防止久放后药物变黑。

二、米炒法

将净制或切制之后的药物和米一起进行炒制的方法称为米炒法。所用的米，一般以糯米为佳，也有的地方使用“陈仓米”，现在一般使用大米。

大米性甘、平和，具有除烦、止渴、健脾的作用。经过炒制后，更是可以吸附药物的毒副作用，增强药物的健脾和中作用，所以适用于补脾益胃类药物的炒制。

（一）目的

①降低药物的毒性，除去药物的异味。如斑蝥、红娘子等。

②增强药物健脾和中的药效。如党参。

（二）方法

1. **米药混炒** 先将炒制容器预热到一定的温度，再放入适量的米，待米炒到冒烟的时候，再放入药物一起炒制，炒到一定程度后将其取出，筛去米，晾至凉透。

2. **米上炒** 将炒锅预热后，撒上用水浸湿的米，让米平贴在炒锅上，然后用中火进行加热，炒到米开始冒烟时向锅中投入需要进行炒制的药物，然后不间断地翻动米上铺的药物，到药物炒制完成后取出，筛去米，将药物晾凉。

在中药的炮制实践中，一般每 100 千克待炮制品，用糯米或大米 20 千克。

（三）注意事项

①炮制植物类药物时，观察药物色泽变化，炒至黄色为度，也

可以结合观察米的色泽变化。

②在进行植物类药物的炒制时，要注意观察药物的色泽变化，到药物炒至黄色时停止。

③采用米上炒的方法时，尽量要让浸湿的米贴在锅上，不要随药物的翻动而翻动，要使药物隔着米层进行加热。

（四）适用范围

由于大米的性味甘温，所以常用于某些具有补益脾胃的药物的炒制，常用米炒的药物有党参、斑蝥、红娘子等。

三、砂炒法

将净制或切制后的药物与热砂共同炒制的方法称为砂炒法，由于砂炒法的温度较高，所以又称为砂烫。

砂炒法一般选用的都是中粗颗粒状的纯净河砂，或者经过加工的油砂，河砂导热快，受热均匀，耐高温，而且质地坚硬，与药物的接触面积较大，可以用于炒制材质坚硬的药物。

（一）目的

①提高药物的疗效，便于制成药剂。质地坚硬的药物十分不方便进行药物的配制，经过炒制后，其质地变得酥脆，可以很容易进行粉碎，有效成分也更加容易煎出，常见的有狗脊、穿山甲等。

②降低药物的毒性。砂炒法的温度较高，经过炒制后可以改变药物有毒物质的结构或破坏其内部结构，从而降低毒性物质含量，常见的有马钱子等。

③矫除药物的异味。炒制的高温环境，可以使药物中的固有臭味挥发出去，利于煎药和服用。

④便于去掉药物本身的绒毛。有些药物的某些部位会着生一些细微的绒毛，难于去除，经过炒制后，绒毛焦化，便于清除。常见的有骨碎补和狗脊等。

（二）方法

将经过净制的砂投入经过预热的容器内，用武火进行加热，待砂容易翻动的时候，投入需要炒制的药物，不断用砂进行掩埋，并不断翻动，等到药物的质地变得酥脆或向外鼓起、外表呈黄色或比原色加深时取出。趁热放入适量的醋中浸润，然后取出干燥。河砂质地坚硬，一般用过之后经过适度的清洁就可以再次使用。

（三）注意事项

①炒制之前对药物进行大小分档，保证炒制后药物达到相同的炒制水平。

②砂的传热较快，在炒制的过程中主要要保持合适的火候，防止温度过高或过低。温度太低容易导致药物僵硬不酥，温度太高则会导致药物焦化。

③控制用砂的量。炒制的时候，砂量一般以能盖住药物为宜，药物过多时可以进行多次炒制。砂量过多容易导致锅内积热，砂量过少则药物受热不均，影响药物的炮制质量。

（四）适用范围

由于河砂的质地坚硬，炒制时传热较快，所以一般用于质地坚硬的药物或带有绒毛的植物类药物，如龟甲、马钱子、狗脊等的炮制。

（五）制砂方法

①采用普通砂制砂的时候，首先要选择颗粒中粗的砂，然后筛去过细的粉末，过粗的颗粒和杂质，然后放在锅内用武火进行加热，除掉其中的有机物质和水分，取出晾干。

②制备油砂时的步骤和普通砂差不多，但是在锅中加热的时候要加入1%～2%的食用植物油进行炒制，直到炒到油耗尽，砂的颜色比较均匀为止。在油的选用上，要使用食用油。

四、土炒法

土炒法是指将净制和切制后的药物放在适量的灶心土中进行炒制的方法。

灶心土本身已经经过多次的高温烧炼，所含的杂质较少，而且其中所含的无机盐类和矿物质成分早已受热分解为多种碱性氧化物，具备了涩肠止泻、中和胃酸的作用。在炮制的时候，既具有传导热量的作用，也具有一定的药物协同作用。

（一）目的

增强药物疗效。灶心土具有止呕、止泻、温补中和的疗效，加入药物中进行炮制之后，增强了药物的补脾止泻作用。

（二）方法

将炒制容器预热后，放入已经预先刮去外部的焦黑层，研成细粉的灶心土，用中火进行加热，炒至土的状态比较灵活时投入药物，不断翻炒到药物的表面均匀地挂上一层土粉，并且有香气透出时取出，筛去土，放凉储存。在炒制的时候，一般每100千克药物，用土粉 25～30 千克。

（三）注意事项

①在灶心土灵活状态时，投入药物后一定要保证适当的火力，防止药物被烫焦。也不要提前投入药物，防止药物不挂土色。

②用土炒制同一类型的药物时，可以连续循环使用，但是发现土色变深时，则要及时更换新土。

五、蛤粉炒法

将净制或切制后的药物与蛤粉一起炒制的方法，称为蛤炒法，或蛤粉烫。

蛤粉是软体动物文蛤或青蛤的贝壳洗净晒干后研成的细碎的粉末，味道咸寒，具有清热化痰的作用。

（一）目的

①使药物的质地酥脆，便于调制粉剂。如阿胶。

②降低或消除药物的臭味，便于服用。如鹿角胶。

③增强药物清热化痰的作用。

（二）方法

将经过研细和过筛的蛤粉放在炒锅内，用中火进行加热，到蛤粉容易翻动的时候，放入需要炒制的药物，不断翻炒到药物膨胀鼓起，内部变得疏松时取出。在使用蛤粉时，一般每 100 千克净药物，调配蛤粉 30～50 千克。

（三）注意事项

①需要炒制的胶类药物要切制成丁状，分开，并且按照大小进

行分档，不可以一起炒制。

②在炒制的时候要适当控制火力，防止药物粘在锅底或“烫僵”，温度过高时可以适当加入冷蛤粉来调节温度。

③胶丁下锅后要及时、快速地翻动，防止药物粘连，影响药物外形的美观。

④在进行同种药物的炒制时，可以反复使用蛤粉，但是当其颜色加深时，要及时进行更换。

（四）适用范围

蛤粉的性味苦寒，具有化痰散结的作用，和砂炒法相比，火力相对较弱，药物的受热较慢，所以适用于胶类物质的炒制。

六、滑石粉炒法

将净制或切制后的药物与适量的滑石粉共同炒制的方法称为滑石粉炒，也称为滑石粉烫。

滑石粉的质地细腻，性味甘寒，在炒制的时候和药物的接触面积较大，可以保证药物缓慢地均匀受热，主要用于韧性较大的药物的炮制。

（一）目的

①降低药物毒性。

②使药物的质地酥脆，便于制剂使用。

③矫除药物的不良气味，利于煎服。

（二）方法

将经过研细、过筛的蛤粉放置在经过适度预热的容器内，用中火进行加热，待到蛤粉滑利容易翻动的时候减小火力，投入经过加工处理的药物，并不断沿着锅底轻轻地翻动，直到药物被烫炒到膨胀鼓起、内部变得疏松后取出放凉。在炒制用量上，每100千克药物，用蛤粉30~50千克。

（三）注意事项

①炒制前要对药物进行大小分档，防止炒制后的药物生熟不均。

②控制炒制的适当温度。温度过高时要及时加入适量的冷滑石粉，防止药物焦化，过低时要适当调大火力，避免药物无法鼓起。

③用于同种药物的炒制时，滑石粉可以反复多次使用，但当颜色加深时，要及时更换。

（四）适用范围

滑石粉的质地细腻，与药物的接触面积较大，所以一般用来炮制具有极大韧性的药物。

第三章 炙法

将经过净制或切制后的药物加入一定量的液体辅料进行炒制，使辅料逐渐渗入药物组织内部的炮制方法称为炙法。

吸入辅料后的药物在药物的性味、功效、作用趋向、归经和理化性质方面都会发生一定的变化，起到抑制药物的偏性，降低药物的毒性，矫除药物的异味，便于有效成分溶解的作用。

对于需要进行药炙的药物，如果药物的质地坚硬，不利于液体辅料的渗入，就可以先进行加热，使药物的质地变得疏松，方便液体渗入到药物组织内部。

炙法与加辅料炒法有相似的地方，但是又有区别。加辅料炒法使用的是固体辅料，通过不断地进行掩埋翻炒使药物均匀受热或黏附在药物的表面而共同入药。而炙法则使用液体辅料进行拌炒，使药物渗入药物内部而发挥作用。

由于二者的原理不同，所以使用的具体方法也不同。加辅料炒制的温度一般较高，多使用中火或武火，在锅内的翻炒时间较短，而炙法一般使用文火，在锅内翻炒的时间相对较长，至药物炒干为宜。

根据所用的液体辅料的不同，炙法又可以分为酒炙、醋炙、盐炙、姜炙、蜜炙、油炙等。

第一节 酒炙法

将净选或切制后的药物加入适量的酒进行拌炒的方法，称为酒炙法。

酒的性质甘、辛、大热，具有引导药势，疏通经络，驱风散寒，矫除异味的作用。所以多用于祛风通络、活血散瘀及性味苦寒的药物。

一、目的

①改变药物的升降趋向，引药上行。如黄连、黄柏、大黄等。

②增强药物活血散瘀的作用。如川芎、当归等。

③去除药物异味。如乌梢蛇、蕲蛇、紫河车等。

二、方法

1. **先拌酒后炒药** 将经过净制或切制的药物与适量的酒拌匀，稍微闷润一会儿，待酒被全部吸收到药材中后，放在经过预热的锅中，用文火炒干，取出晾凉。此法适用于黄连、川芎等质地坚实的根及根茎类药物。

2. **先炒药后加酒** 将经过净选和切制的药物，放在经过预热的炒制容器内，用文火炒至一定的程度，再边炒边喷洒适量的酒，等药物炒干后取出晾凉。由于酒受热容易挥发，所以一边炒制，一边加酒的方法效率较低，很少使用。一般只用于炮制质地疏松和易碎的药物。

酒炙法一般用的都是黄酒，用量标准为每100千克药物，用黄酒10~20千克。

三、注意事项

①在药物中加入酒闷浸的时候，一般要在容器的上面加盖，防止酒的无效挥发。

②当使用的酒量较少，难以和药物搅拌均匀时，就要先加入少量的水进行稀释，然后再拌药。

③在炒制药物的过程中，火力不宜过大，一般多采用文火，并且要不断地翻动，到药物的颜色加深的时候，就要取出，晾干。

第二节 醋炙法

将净选或切制后的药物加入适量的醋进行拌炒的方法，称为醋炒法。

醋古代称为醯、苦酒、酢等。炮制使用的一般都是食用醋，是一种淡黄棕色至棕色的澄明液体。醋酸是食用醋的主要成分，占4%～6%。醋的性味酸苦，主入人的肝经，具有解毒、散瘀、矫除异味的作用，多用于疏肝解郁、散瘀止痛、攻下逐水的药物。

一、目的

①引药进入肝经，增强药物疗效。如乳香、柴胡、青皮、延胡索等。

②缓和药物的偏性，降低药物毒性。如大戟、商陆、芫花、甘遂等。

③矫除药物的异味。如五灵脂、乳香等。

二、方法

1. **先拌醋后炒药物**　先取净制后的药物与一定量的米醋拌匀，闷浸到醋被药物吸收完后，放到炒制容器内用文火进行加热，炒制到规定的程度后取出，晾干。此法适用于大多数药物的醋炙，如甘遂、延胡索等。

2. **先炒药物后加醋**　将净制后的药物放在经过预热的容器内，用文火加热到药物的表面颜色改变、熔化发亮（树脂类），或有腥气逸出时，均匀地喷洒一定量的米醋。炒到药物达到规定的程度后取出，晾干。醋的用量标准为每 100 千克净药物，用醋 20 千克。

三、注意事项

①药物在进行醋炙之前，要先进行大小分档，保证药物炮制效果的一致性。

②炮制用醋量较少时，可以将醋先加入一定量的水进行稀释，然后再倒入药物中均匀地搅拌。

③醋炙的时候一般都使用文火，并要注意不断地进行翻动，炒制到药物微显火色时，即可取出晾干。

④先炒药物后加醋时，一定要边喷醋，边进行药物的翻动，使药物和醋混合均匀，并且要注意及时出锅，防止药物熔化粘锅。

⑤乳香等树脂类药物先加醋会容易粘连，所以在操作实践中多采用先炒药后加醋的方法炮制。

四、适用范围

醋性味酸苦，温和，主入肝经，具有收敛、散瘀、矫味等多种作用。醋又是很好的有机溶剂，能与药物中呈游离状态的生物碱结合成盐类物质，增大其溶解度。它还能和具腥膻气味的三甲胺类成分结合成盐而无臭气，以除去药物的腥臭气味，正是由于醋具有这么多的作用，所以常用于炮制具有散瘀止痛、攻下逐水、疏肝解郁作用的药物。常见的有甘遂、延胡索、五灵脂、乳香等。

第三节　盐炙法

将经过净选或切制的药物，加入一定量的食盐进行拌炒的方法称为盐炙法。

食盐的性味咸寒，具有清热润燥，舒瘀散结的作用，常用于疗疝、利尿泻火、补肾固精药物的炮制。

一、目的

①引药下行，增强药物的疗效。如巴戟天、杜仲等盐炙后补肝肾的作用得到增强；荔枝核、小茴香等盐炙后泄热利尿的作用得到增强；益智仁等盐炙后增强了固有的固精和缩小便的作用。

②缓和药物的辛燥偏性，防止对人体产生伤害。经过盐炙后的补骨脂、益智仁等药物性质变得温和，增强其补肾固精的功效。

二、方法

1. **先拌盐水后炒药物** 先取一定量的食盐，加入适量的清水进行溶解，将溶解后的食盐水倒入药材中闷润，待食盐水被药材吸收干净后，放到经过预热的容器中进行炒制，炒到一定程度后取出，晾干。此法适用于大多数可以用盐水炒制的药物，如砂仁、黄柏等。

2. **先炒药物后加盐水** 把需要炒制的药物放在预热后的容器内，用文火进行加热，炒到一定程度后，均匀地喷洒一定量的食盐水在上面，达到规定要求后取出，晾干。此法的使用范围较小，只适用于含黏液质较多的车前子、知母等的炒制。炒制的时候，一般每100千克净药物，用盐2千克。

三、注意事项

①在进行食盐的溶解时，要注意加入适量的水，防止溶液过稀或过浓，一般加水量以食盐的4~5倍量为宜。

②含黏液质较多的药物遇水容易发黏，所以一般先不与盐水进行闷浸，而是先炒制到一定程度，去掉药物多余的水分后，再喷洒盐水，方便盐水渗入。

③盐炙的时候要控制在较小的火力，否则锅内水分会迅速蒸发，食盐便会在锅底析出，达不到盐炙的目的。

四、适用范围

食盐水的主要成分是氯化钠，具有清热凉血、强筋健骨的作用，因此常用来炮制疗疝利尿、补肾固精类药物，常见的有泽泻、杜仲、车前子、黄柏等。

第四节　蜜炙法

将经过净选和切制的药物加入一定量的炼蜜进行拌炒的方法称为蜜炙法。

蜂蜜是一种呈白色至淡黄色或橘黄色至琥珀色的带光泽、半透明、浓稠液体。优质蜂蜜在室温条件下，相对密度不小于1.349，还原糖的比重不小于64%，蔗糖不超过8%，水分不超过25%，不得含有淀粉和糊精，不得具有不良气味。

蜂蜜的性质偏向寒凉，能清热解毒、补气润燥，所以多用于补脾益气类药物的炮制。古代文献中的蜜炙法是将药物涂蜜后，用微火炙干。现行的蜜炙法近于古代的蜜水拌炒法。

一、目的

①增强药物疗效。款冬花、枇杷叶、百部等药物蜜炙后能增强润肺止咳的作用。甘草、党参、黄芪等药物蜜炙后可以增强药物补中益气的功效。

②缓和药物药性。某些药物的药性过于猛烈，蜜炙之后可以使其药性趋向平稳。如麻黄经过蜜炙后就可以使其发汗的药效变缓，

还可以同时增强其止咳平喘的功效。

③矫除异味，增强口服疗效。马兜铃味道苦劣，生食对胃的刺激性较大，蜜炙之后可以矫除异味，免得引起服药呕吐。

二、方法

1. **先拌蜜后炒** 先取出一定量的炼蜜，加入适量的开水稀释，然后倒入药物中，与药物搅拌均匀，闷润一定的时间，使蜂蜜逐渐地渗入药物中，然后放在经过预热的锅内，用文火进行翻炒，等到药物的颜色加深，不粘手的时候，就可以取出晾干了。

2. **先炒药后加蜜** 将药物直接放在经过预热的锅内，用文火炒制到药物的颜色加深的时候，再加入一定量的经过稀释的蜂蜜，然后迅速翻动，炒拌到药物黏手的时候，取出放凉，贮存。

需要注意的是，药物要进行蜜炙的时候，一般采用第一种方法，只有当药物的质地紧密，蜜水不易渗入药物内部时，才采用第二种方法。

使用第二种方法的时候，经过炒制的药物除去了部分水分，质地变得疏松，所以蜂蜜较容易吸收。使用炼蜜进行炒制的时候，一般采用每100千克药物，用炼蜜25千克的标准。

三、注意事项

①油炒和油炸的时候，一定要注意控制锅内的温度，防止将药物炸焦或炒焦，失去药效。

②在炒制油脂涂酥药物时，一般要进行多次炒制，直到药物变得酥脆为止。

四、适用范围

蜂蜜的性味偏向寒凉，具有滑肠润肺、清凉去热的作用，在中药的炮制过程中，经常用于止咳平喘、补脾益气类药物的炮制，常见的有麻黄、黄芪、甘草等。

第五节　姜炙法

将经过净选和切制的药物，放入定量的姜汁进行拌炒的方法，称为姜炙法。姜汁是生姜或干姜水煮后得到的黄白色液体，主要含有姜辣素、挥发油、氨基酸等物质。

一、目的

①矫正药物的偏寒性，增强和胃止呕的作用。常用的有竹茹、黄连等。

②降低或消除药物的副作用，增强药物疗效。如厚朴等。

二、方法

将药物用一定量的姜汁拌匀，闷浸一定的时间，使姜汁全部渗入到药物内部，然后放在经过预热的容器内，用文火炒制到一定程度后，取出晾干。

或者也可以将药物与姜汁搅拌均匀，待姜汁被药物吸收干净后，取出进行干燥。

还可以采用煮姜汤的方法。把鲜姜切片，放在锅内煮汤，然后把药物放在汤内，煮 2 小时左右，等到姜汁基本上被吸收到药物中的时候，取出，晾干。

在炒制的过程中，一般每100千克药物用生姜10千克。如果使用干姜，可以将用量减少到三分之一。

三、姜汁的制备

①将生姜洗净、切碎，放置在合适的容器内，捣烂，加入适量的水，压榨取汁，剩余的残渣再次加水捣制，压榨取汁，反复多次，直到姜内的汁液被全部捣出为止，放置备用。

②取适量的生姜，放在锅内加入适量的水进行煎煮，取得滤液备用。

四、注意事项

①在制备姜汁的时候，要严格控制用水量，使得到的姜汁的量和生姜的比例达到1∶1。

②药物在与姜汁搅拌的时候，要充分地进行闷浸，保证药物完全吸收了姜汁。

五、适用范围

姜的性质温和，具有温补驱寒、化痰止咳的作用，所以多用作炮制具有祛痰止咳、降逆止呕等作用的药物，如厚朴、竹茹等。

第六节　油炙法

将经过净制和切制的药物，与一定量的食用油共同加入处理的办法，称为油炙法。油炙所用的油一般分植物油和动物油脂两大类，常见的有芝麻油、羊脂油等。麻油的性质甘寒，具有清热润燥的作用，再加上沸点较高，所以可以进行传热，达到使药物酥脆的目的。

羊脂油的性味甘热，具有温补驱寒，补肾壮阳的作用，所以多用于壮阳类药物的炮制。

一、目的

①增强药物的壮阳作用。有些药物在用羊脂油炮制后，可以产生药效增强的效果，增强其温肾补阳的作用，如淫羊藿。

②材质酥脆，便于口服。经过炮制后的药物，大多质地变得十分酥脆，便于制剂和口服。如三七、蛤蚧、豹骨等。

二、方法

1. 油炒

（1）制备羊脂油　将羊脂切碎，放在锅内加热，使其熔化，炼制一定时间后，去掉油渣备用。

（2）炒制　取羊脂油适量，放在经过预热的锅内加热，等到油脂熔化后，放入药物，用文火进行炒制，等到油被吸收干净，药物的表面呈油亮时取出，晾干。

2. 油炸法　取适量的植物油放在锅内，用文火加热，到油沸腾的时候把药物放入锅内，用文火炸制，取出，沥去多余的油，粉碎。

三、注意事项

①控制好炒制的火候和力度，防止药物炒焦烤煳。

②炒制完成后要等药物晾凉后再进行储存。

第四章 煅制技术

将药物进行高温煅烧的方法称为锻法。根据具体操作步骤的不同，锻法又可以分为明煅法、煅淬法和闷煅法。

药物锻制的发展经过了悠久的历史，早在《五十二病方》中就有古人使用锻法处理药物的记载。《黄帝内经》记载的药方中，也有对锻法的使用。魏晋南北朝时期至唐代，炼丹术的盛行也推动了锻法的发展。后来，某些锻造方法便一直沿用至今。锻制是通过对药物进行加热，使其在适宜的温度和氧气情况下，吸收热量而发生相应的化学反应和物理变化的过程。

由于药物内部构造的不同，受热的时候不同的成分发生不同的膨胀和断裂，产生相应的空隙，使药物的质地变得更酥脆。此时如果将药物立即浸入某种液体中，药物在急剧冷缩的状态下，表面和内部就会发生不一样的变化，使药物的组织结构发生不同的变化。如果药物可以同时与这种液体进行反应，就会对药物的性能产生更大的改变，这种方法就称为煅淬。

虽然不同药物的锻制具体要求不同，但是都需要高温的锻制环境。锻药的温度一般控制在 200～1000℃之间，为了便于对不同的药材进行加工，现在使用的锻药设备一般分为中温和高温两种。中温煅药设备最高温度不高于 600℃，高温药设备的工作温度为 600～1000℃。

中温锻药锅的工作温度低于600℃，采用电源进行加热。加热时药物放在用不锈钢制作的锅体内部，此种材质可以有效地防止锅体的脱落和氧化现象。锅体与锅盖的结合处有密封装置，可以隔绝锅内和锅外，保证锻药时不漏气，提高锻药温度。

锅盖具有夹层和保温的双重功效，缩小药物的垂直温度差。此种设备还具有测温装置，可以在锻药的过程中进行温度的测量，保证药物整体温度的一致性。锻制过程中产生的废水经水处理后排出。

高温式锻药炉的工作温度较高，为适应这一特点，锻药炉的材料一般都选用型钢、耐火砖或保温材料。高温式锻药炉整体分为燃烧室和锻药室两部分，两者之间通过反火道进行组合。燃烧室通过燃烧产生热量，热气经反火道传输到锻药室，对药物进行辐射传热，最后从煅药室炉膛底板的排烟口排出。

第一节　明煅技术

将净选后的药物切成小块，直接放在无烟的炉火上或者适宜的耐火容器中进行锻制的方法，称为明锻法。根据使用的锻制设备的不同，又可以分为敞锅煅、平炉煅和反射炉煅。

一、目的

①使药物的质地酥脆，便于制剂和服用。如金精石、花蕊石等。

②除去药物中含的结晶水，增强药物的收敛功效。如白矾和石膏。

③方便药物的有效成分析出，提高临床疗效。经过高温锻制之后，药物的物理和化学性质在一定程度上得到了改变，使其某些难溶物成为易溶于水的物质，提高了药物疗效。

④矫除药物的偏性。锻制后的药物可以在一定程度上改变药物的性质，减少寒性，适合温补的需要，常见的有石决明、龙齿、寒水石等。

二、方法

1. **直接煅（直火煅）** 将药物直接放置在无烟的炉火上进行锻制，直到药物变得酥脆或外表红透时取出，放凉。此法适用于具有较大的体积或者不易破碎的药物。

2. **间接煅（锅煅）** 将需要锻制的药物放在坩埚或铁锅内进行锻制，用武火加热到药物锻制透彻后取出，放凉。此法适用于含有结晶水的矿物类药物和锻制时容易破碎的药物的锻制。

在中药的锻制实践中，经常使用的是平炉锻法和反射炉锻法。

1. **平炉锻法** 平炉锻法是将药物放置在炉膛内，武火加热，并用鼓风机鼓风，促使炉膛温度迅速升高的做法。在锻制的过程中，可以根据不同药物的特性而进行适当翻动，直到药材红透时取出，放凉。采用这种方法锻制时药材的受热均匀，可以适用于大量生产。但是值得注意的是，在锻制石决明、蛤壳、牡蛎等不耐高温的药材时，要注意火候的控制，防止药材灰化。

2. **反射炉锻法** 反射炉锻制是将药材放在高温反射炉中进行锻制的。

高温反射炉是一种可以密封的容器，在锻制的过程中，首先将燃料放在炉内点燃，待鼓风机吹旺后，封闭燃料口。然后把药物从投料口投入到炉中，使炉内的药物喷射到锻药室的药材上进行燃烧，当达到要求的锻造程度时取出，放凉。此法适用于在燃烧时不易灰化，不含结晶水的中药材的锻制。

三、注意事项

①需要锻制的药物要先进行大小分档，防止锻制效果的不均匀。

②锻制的时候要一次性锻造透彻，不得中途停止，防止药物夹生。

③要根据锻制的药材的特质来控制锻制的温度和时间，防止药材因温度过高而灰化，或温度过低导致锻制不透彻。

④锻制容易产生爆溅的药材时要在锻制炉上加盖，防止被烫伤。

第二节　煅淬技术

将按照明锻法锻制到红透的药物，立即投入规定的液体辅料中进行骤然冷却的方法称为锻淬法。

锻淬法适用于那些经过明锻后仍不能很好地粉碎的药物和一些临床需要进行锻淬的特殊药物的炮制。常用的锻制辅料有酒、醋、药汁等。需要进行锻淬的药物一般质地单一，内部各组成部分的膨胀系数相近，在受热的时候产生的药物之间的裂隙较小，待药物冷却后就又恢复到原形。

如果在明锻完成后立即投入淬液中，药材表面的晶格体迅速缩小而产生裂隙，淬液浸入裂隙后便会继续产生新的裂隙，如此反复淬锻几次，药物便会因内外膨胀系数的差异而变得疏松。

一、目的

①使药材的质地疏松，便于口服煎出和制成中药制剂。

②改变药物的理化性质，减少药物的毒副作用，增强药物疗效。经过锻淬的药物，不仅其质地变得疏松，而且药物的化学性质也会

发生一定的改变，减少了有毒有害物质的存在，增强了临床疗效。自然铜锻造后产生硫化亚铜，含铁矿物药煅后醋淬有醋酸亚铁生成。炉甘石煅后生成氧化锌，有毒物质转化成了对人体有益的物质。

③除去药物中的杂质和毒性成分。有些经过净制的药物仍然有有毒有害物质和杂质存在，锻淬后可以在一定程度上除去。如磁石、铜、炉甘石等。

二、方法

将经过分档的药物放在经过预热的锻炉内进行锻制，当药材通体红亮，达到规定的锻制要求后取出，趁热倒入装有醋液的容器中。如果发现锻淬后的药材有的未锻淬完全，可以重复以上操作3～4次，直到药物都达到规定的锻造目的为止。

待药物干燥后，将煅好的药物装入无毒的聚乙烯塑料袋中，密封袋口。

三、成品规格

要求成品质地疏松，有醋的味道。加工后的药材中杂质和药屑的含量不得超过2.0%，没有锻制彻底和已经灰化的也不得超过2.0%。

四、注意事项

①锻淬的过程要反复进行几次，防止药液吸收不尽。

②锻制后的药物要酥脆易制，避免生熟不均。

③使用的淬液的种类和用量要根据药物的具体性质和临床用药的要求来定。

第三节 煅炭技术

锻炭技术是指把药物在高温缺氧的条件下煅烧成炭的方法，又称为密闭锻法、闷锻、暗锻、扣锅煅。

常见的适合此法锻制的药材分为三类，分别是质地疏松，炒炭容易灰化的药材；质地坚硬，不易炒炭的中成药；临床需要进行锻淬的药物。

一、目的

①增强药物的止血作用。血余炭和棕榈炭的生品都不能入药，锻炭后，增强了药物的止血作用。灯心草、荷叶锻炭后，止血作用增强。

②降低药物的毒性和刺激性。如干漆等药物在经过锻制之后，毒性得到降低。

二、方法

将经过净选切制的药物放在锅内，上盖一较小的锅，锅上压一个重物，底部贴一个白纸条，或放几粒大米。两锅结合处先用湿纸封堵，再用盐泥封严，等盐泥稍干的时候用火加热，煅烧到药物全部炭化为止。取出药物，放凉冷却。

也可以在两个锅的封闭处留一个小孔，用筷子塞住，随时观察小孔处的烟雾，当烟的颜色由白色转为黄色或青色的时候，降低火力，煅烧到基本上没有烟时停止煅烧。

三、注意事项

①在两个锅未进行完全密封的时候可以预先进行加热，驱除锅内的冷空气，降低锅内的压力。

②在煅烧的过程中，要注意随时进行观察，发现大量的气体和浓烟从锅缝中喷出时，要随时用湿泥进行封堵，防止外界的空气进入，导致药物灰化。

③锻制的时候，煅烧锅内的药物不要放得太多，压得太紧，防止药物煅烧不透。

④药物锻制完成后，要先待药物完全冷却后再打开锅，防止热药物在开锅的时候在空气中燃烧灰化。

第五章 水火共制技术

第一节 蒸法

将经过净制或切制的药物加入辅料或不加辅料，放在蒸制容器内隔水加热，或用水蒸气进行加热，使药物达到一定的蒸制要求的方法称为蒸法。其中，不加辅料蒸制称为清蒸，加辅料的称为加辅料蒸法。用流通蒸汽直接加热的称为直接蒸法，使药物在密闭条件下隔水加热的方法称为间接蒸法，又称炖法。

一、目的

①改变药性和药物的使用范围。蒸制之后的药物，其药性和药物的作用范围都会相应地发生改变。生地性质偏寒，具有清热凉血的作用，用于去热类疾病的治疗。经过蒸制后，性质转向温补，用于肝肾阴虚、血虚的治疗。

②消除或降低药物的不良反应。如生的黄精服用时会刺激咽喉，不利于口服用药，蒸制之后降低了其不良反应。生的大黄气味难闻，而且对胃的伤害比较大，用酒蒸制后减轻了对胃的不良影响。

③利用贮藏和药效的保存。生的桑螵蛸含有大量具有活性的虫卵，如果不进行处理，虫卵就会在合适的条件下孵化，使药物丧失药效。蒸制之后，药物中的虫卵被杀死，便于后期储存。黄芩蒸制后可以破坏影响苷类物质存在的水解酶，利于药效的保存。

④方便加工切片。对于那些用水软化不方便，不能久泡，或者水分难以浸入的药材，可以采用蒸制的办法。常见的有天麻、木瓜等。

二、方法

1. **清蒸**　将药物洗净、切制，大小分档，放在木甑、笼屉或密闭罐等蒸制容器内，用水蒸气或隔水加热到所需程度后，取出。

2. **加液体辅料蒸**　将药物净制或切片后，大小分档，先用液体辅料浸润，待药物完全吸收后，放在木甑、笼屉或密闭罐等蒸制容器内，用水蒸气或隔水进行加热，待药物达到规定的程度后，取出，放凉，贮存。

3. **加固体辅料蒸**　将豆腐放在盘子内，中间挖一个不透底的长方形槽，把药物放在其中，然后再用豆腐将其盖严，放在笼内进行加热，到所需程度后取出。

三、注意事项

①蒸制之前要对药物进行大小分档，使蒸制后的药物达到相同的质量要求。

②需要用液体辅料进行拌制的药物在混入辅料后要稍待一会儿，等药物完全吸收到药材中后再进行蒸制。

③一般情况下蒸制药物都是先用武火，使锅内产生大量的蒸汽，但是在非密闭的容器中酒蒸时，就要先用文火蒸制，否则达不到酒蒸的目的。

④控制合适的蒸制时间。蒸制的时间太短，达不到蒸制的目的；而蒸制时间太长，则影响药效的发挥或者增长药物的干燥时间。另外，当药物需要长时间蒸制的时候，要不断地向锅内添加开水，防止水煮干后，蒸汽中断。

⑤加液体辅料蒸制完成后，如果容器内还有剩余的辅料，要将其拌入药物中再进行干燥，确保药效。

第二节 煮法

将经过净选或切制的药物加入辅料或不加辅料，放在适宜的盛水容器中进行煮制的方法，称为煮法。

一、目的

①降低或消除药物的毒副作用，减少对人体的伤害。如附子、藤黄、硫黄、川乌等。

②改变药物的性质，增强药效。如远志等。

二、方法

1. **清水煮** 将经过净制的药材先浸泡到中间没有干心，然后捞出，放在适宜的煮制容器内，加入适量的水，使水的高度没过药面，先用武火煮沸，然后用文火保持药物的沸腾状态，煮到药物没有白心的时候，取出，切片。

2. **液体辅料煮** 将经过净选的药材加入一定的液体辅料，拌匀，放在适宜的容器中煮，先用武火煮到沸腾，再用文火保持药物的沸腾状态，煮到药物达到适宜的程度，辅料煮尽的时候，取出晒干。

3. **豆腐煮** 将经过净制的药物放在两块豆腐之间，或者把豆腐挖一个长方形的槽，将药物放在中间，再在上面盖上豆腐，然后放在煮制容器内，加水到没过豆腐，煮到规定程度（珍珠煮至豆腐呈蜂窝状；藤黄煮至被熔化；硫黄煮至豆腐呈黑色或黑绿色）时，取出放凉，把残余的豆腐清除干净。

三、注意事项

①药物在进行煮制之前，要大小分档，分别进行炮制。

②注意加水的量。药物煮制的加水量要视药物的性质、炮制方法，炮制目的来确定，一般来说，煮制时间较长的，加水量也多，时间短的，加水量也少。尤其值得注意的是，在加入液体辅料煮的时候，一定要控制水量的多少适宜。防止药物达到煮制要求后，液体没有煮尽。也不能加水太少，否则就没法把药物煮到透彻。如果预先的加水量不够，中途加水时要加开水。

③掌握煮制的火力。在煮制的时候，一般先用武火煮到药物沸腾，然后再用文火煮，这样可以防止水分迅速蒸发，无法向药物的

内部渗透。

④加辅料煮制的时候，一般要等汁液被吸收完之后才停止煮制，但是毒性较大的物质在煮制的时候，剩余的汁液一般也有毒，要抛弃。

第三节 燀法

将净制后的药物放在大量的沸水中，短暂地进行浸煮的方法，称为燀法。此法一般用于需要去除种皮的种子类药材的炮制。

一、目的

①去除非药用部位，提高药物疗效。苦杏仁经过燀制后，种皮与种子分离，方便脱去药物的表皮，同时高温的环境还破坏了杏仁中的酶的存在，保存了具有药效的苷类成分。

②对药材的不同药用部位进行分离。如白扁豆。

二、方法

将需要燀制的药物放在适宜的带孔容器中，在锅内加入适量的水，加热到沸腾，将药物连同带孔容器一起放到锅内进行加热，等到药物的种皮和种仁方便分离的时候捞出，浸泡在冷水中，去掉种皮，然后晒干或烘干。

三、注意事项

①控制水量，一般以药物的 10 倍水量为宜。

②药物要在锅内的水煮至沸腾时投入，水烫的时间为 5 ~ 10 分钟，不可过长或过短，以免影响药效的发挥。

③烨制完成后，要及时晒干或烘干，不要使其隔夜，防止泛油和颜色变黄。

④烨制有安神、镇惊、解毒的功效。常用朱砂拌制的药物有茯苓、茯神、麦冬、远志等。